Carl-Auer

Bernhard Krusche

Merger? Merger!

Fusionsprozesse verstehen
und gestalten

2010

Umschlaggestaltung: Uwe Göbel
Satz u. Grafik: Drißner-Design u. DTP, Meßstetten
Printed in Germany
Druck und Bindung: Freiburger Graphische Betriebe, www.fgb.de

Erste Auflage, 2010
ISBN 978-3-89670-716-1
© 2010 Carl-Auer-Systeme Verlag
und Verlagsbuchhandlung GmbH, Heidelberg
Alle Rechte vorbehalten

Bibliografische Information der Deutschen Nationalbibliothek:
Die Deutsche Nationalbibliothek verzeichnet diese Publikation
in der Deutschen Nationalbibliografie; detaillierte bibliografische
Daten sind im Internet über http://dnb.d-nb.de abrufbar.

Informationen zu unserem gesamten Programm, unseren Autoren
und zum Verlag finden Sie unter: www.carl-auer.de.

Wenn Sie Interesse an unseren monatlichen Nachrichten aus der Häusserstraße haben,
können Sie unter http://www.carl-auer.de/newsletter den Newsletter abonnieren.

Carl-Auer Verlag GmbH
Häusserstraße 14
69115 Heidelberg
Tel. 0 62 21-64 38 0
Fax 0 62 21-64 38 22
info@carl-auer.de

Inhalt

Anstelle eines Vorworts ...

Liebe Leserin, lieber Leser,
was Sie hier in Händen halten, ist das Ergebnis einer intensiven, langen Auseinandersetzung. Mit einem interessanten Phänomen, einer Modeerscheinung, einer wirtschaftlichen Notwendigkeit, einer Herkulesaufgabe, vielleicht gar Sisyphusarbeit, einem Unding, einer Zumutung, einem brillanten Wurf zur Absicherung der eigenen Zukunftsfähigkeit – je nach Perspektive und befragter Zielgruppe. In dem Buch, in dem Sie gerade lesen, geht es um das Thema Unternehmenszusammenschlüsse. Kein neues, unbekanntes Sujet also, ganz im Gegenteil: Immer wieder liest man in der – noch nicht einmal einschlägigen – Presse von solchen Mergers & Acquisitions (Abkürzung M&A: Fusionen und Übernahmen), Elefantenhochzeiten in Unternehmenskreisen, Fusionen unter Gleichen (und oft genug auch weniger Gleichen). Immer wieder erstaunt einerseits die Euphorie, mit der von diesen Ereignissen berichtet wird, aber auch die Skepsis, die sich mittlerweile breitgemacht hat, wenn es um die Zusammenlegung ganzer Unternehmen geht – auch wenn der Gedanke nach wie vor bestechend ist, den oft mühsamen Prozess der Wertschöpfung von Unternehmen im Rahmen eines halbwegs organischen Wachstums durch den Zusammenschluss sich ergänzender Einheiten abzukürzen. Es hat sich mittlerweile auch herumgesprochen, dass dieser Schritt seine durchaus eigenen Risiken hat, die ihm zugrunde gelegte Gleichung »1 + 1 = 3« also nicht ganz so einfach ist, wie es auf den ersten Blick aussieht.

Von dem Umgang mit solchen Risiken handelt dieses Buch. Anders als in der gängigen Managementliteratur zum Thema geht es hier aber nicht um rasche Lösungen und eindeutige Tipps & Tricks, wie mit den Herausforderungen solcher Zusammenschlüsse möglichst effizient umzugehen ist. Gerade wenn man Unternehmen und ihr Management ernst nimmt in ihrem Ringen, sich immer auch als sozialer, besser: kommunikativer Zusammenhang zu verstehen und damit den Verkürzungen einer rein betriebswirtschaftlichen Logik zu entgehen, verbieten sich allgemein gehaltene Ratschläge nach dem Motto »Seien Sie konsequent in der Umsetzung Ihrer Entscheidungen«. Nicht nur, dass sie die Intelligenz der verantwortlichen Führungskräfte der

Lächerlichkeit preisgeben: In ihrer Banalität gehen sie oft genug von Prämissen aus, die insbesondere in Fusionsprozessen nicht mehr den Schlussfolgerungen des gesunden Menschenverstandes entsprechen, die als viel widersprüchlicher und paradoxer gedacht werden müssen, wenn sie eine Funktion als Practical Guidelines haben sollen. Dieses Buch hat sich zum Ziel gesetzt, der eigentümlichen Dynamik solcher Fusionsprozesse näher auf den Grund zu gehen und zunächst einmal die grundlegenden Bedingungen infrage zu stellen, die als Blaupause für das Handeln von Führungskräften und Beratern dienen. Ausschlaggebend hierfür waren die eigenen Erfahrungen in der Begleitung und Gestaltung der sogenannten Integrationsprozesse nach einem formal vollzogenen Unternehmenszusammenschluss.

Die Unzufriedenheit mit der eigenen Wirkung, die sich immer dann auszubreiten begann, wenn auf die klassischen Ansätze des professionellen Veränderungsmanagements zurückgegriffen wurde, war Anlass genug, sich einmal mehr mit dem zugrunde liegenden Mindset von M&A-Aktivitäten zu beschäftigen. Mit den grundlegenden Prämissen also, die den Blick auf dieses Phänomen und das daran anschließende Handeln stillschweigend lenken. Die Ergebnisse dieser Überlegungen halten Sie gerade in Ihren Händen. Und wie immer, wenn man scheinbar Selbstverständliches gegen den Strich gebürstet hat, ist ein Nachvollzug dieser Ergebnisse mit gewissen Zumutungen für den Leser verbunden. In unserem Fall ist es die Strapaze eines theoriegeleiteten Zugangs, der das eigene Handeln so manches Mal auf die Probe gestellt hat und doch nie etwas von seiner Faszination und letztendlich dann auch Alltagstauglichkeit verloren hat.

Die Erfahrungen, die sich in der Begleitung von Fusionsprozessen herauskristallisiert haben, laufen allesamt darauf hinaus, dass jeder Merger anders ist, seine ganz eigenen Dynamiken entwickelt, stets neue Überraschungen bereithält – und dabei immer ein komplexes Geschehen bleibt, das nur in Teilen oder kurzen Zeiträumen zielgerichtet gesteuert werden kann. Dass dies nicht einhergehen muss mit einem Managementverständnis, welches sich jeglicher Form der gezielten Einflussnahme entzieht, liegt auf der Hand. Anhand eines konkreten Beispiels soll daher in der Folge gezeigt werden, wie es durch die laufende und aufmerksame Reflexion der Entscheidungsträger immer wieder gelingen kann, den destruktiven Kräften eines Mergers entgegenzusteuern und das eigentliche Ziel – das Ausschöpfen von Synergiepotenzialen durch Kombination sich ergänzender Eigenschaften, Produkte, Dienstleistungen, Marktzugänge, Technologien oder Organisationseinheiten – nicht aus den Augen zu verlieren. Wie alle anspruchsvollen Steuerungsaufgaben ist dies kein leichtes Unterfangen, mit Rückschlägen und dem entsprechenden Frustrationspotenzial ist bei allen Beteiligten zu rechnen. Und doch lässt sich am Beispiel der Unternehmensfusion von zwei der wichtigsten Spieler in der Telekommunikationsbranche zeigen, wie in einem unbeirrbaren Lernprozess ein Unternehmen sowohl mit den Höhenflügen als auch den Untiefen der eigenen Komplexitätssteigerung zurechtzukommen lernt, sich selbst dabei beobachtet, wie es bestimmte Lösungswege beschreitet und nicht zögert, sie wieder zu verlassen, wenn sie sich als Umweg oder gar Irrweg herausstellen – und die Konsequenzen aus diesen Beobachtungen immer wieder überprüft und damit seine Selbsterneuerungsfähigkeit unter Beweis stellt.

Aus der intensiven Auseinandersetzung mit dem Zusammenschluss der beiden Großkonzerne Alcatel und Lucent ist so mit der Zeit ein Lehrstück entstanden. Ein Lehrstück, das sich mit der konkreten Praxis eines Ausschnitts dieses komplexen Fusionsgeschehens befasst, aber auch mit den theoretischen Grundlagen, die (nicht nur) dieser Praxis zugrunde liegen. Es ist mir an dieser Stelle ein besonderes Anliegen, all denjenigen zu danken, die als Teil des neu entstandenen Konzerns Alcatel-Lucent auf ihre Art und Weise dazu beigetragen haben, dass dieses Buch entstehen konnte. Der Mut, der dazugehört, die eigenen Entscheidungen im Rahmen solch komplexer Dynamiken immer wieder zu überdenken und bei Bedarf auch zu korrigieren, ist nicht zu unterschätzen. Dieser Mut ist mir immer wieder bei verantwortlichen Führungskräften und auch bei Mitarbeitern und Mitarbeiterinnen auf allen Ebenen des neuen Unternehmens begegnet – ihm gebührt der größte Respekt. Insbesondere durch die enge Kooperation mit den verantwortlichen Führungskräften im HR-Bereich (HR – Human Resources) sind in der Auseinandersetzung mit dem Verlauf der Fusion eine Vielzahl von Einsichten entstanden, die sich einem Außenblick oftmals entziehen. Ohne die feste Überzeugung, das mir damit entgegengebrachte Vertrauen nicht enttäuscht zu haben, hätte dieser Text nicht entstehen können.

Wenn sich zu dieser Bereitschaft zur Reflexion der eigenen Praxis auch noch die Bereitschaft gesellt, diese Reflexion in Form eines Buches einer breiteren Öffentlichkeit zur Verfügung zu stellen, so spricht dies ohne Zweifel für einen selbstsicheren und gelassenen

Umgang mit den Unzulänglichkeiten eines Prozesses, den man unter keinen Umständen »richtig« machen kann. Da es in solchen Fällen keine Rezepte gibt, die den Erfolg garantieren, bleibt allen Beteiligten nur das Risiko der Entscheidung. Was aber wäre Führung, wenn sie sich diesem Risiko nicht permanent aussetzen würde?

Von diesem Geist getragen ist dieses Buch – für Sie eine Lektüre, die zum Nachdenken anregen soll und hoffentlich Lust macht, gängige Klischees, Muster und blinde Flecken in den Blick zu bekommen, die mit jeder Praxis einer Unternehmensfusion verbunden sind. Erst die Einsicht in die zugrunde liegenden Wirkmechanismen solcher Zusammenschlüsse öffnet den Raum für alternative Handlungsoptionen. Und nur wer Ausnahmen zulassen kann, lernt – und arbeitet dabei immer auch nachhaltig an seiner eigenen Zukunftsfähigkeit.

Bernhard Krusche
Tübingen, im Januar 2010

Einleitende Anmerkungen

Beginnen wir unsere Überlegungen mit der Einsicht, dass sowohl für die moderne Betriebswirtschaftslehre, die Management- und Organisationsberatung als auch für die breite Öffentlichkeit nur wenig undurchschaubarer ist als die inneren Abläufe von Unternehmenszusammenschlüssen. Die Erklärungen dafür, dass das Thema Unternehmenszusammenschlüsse auch in der entsprechenden Forschung im Vergleich zu seiner real wachsenden Bedeutung eher unterbelichtet ist, werden oft nur hinter vorgehaltener Hand vorgebracht, weil jede diesbezügliche Diagnose einem Offenbarungseid gleichkäme. Der effektive und effiziente Vollzug von Unternehmenszusammenschlüssen verlangt nach einer komplexen, vielfältigen, transdisziplinären Analyse – einer buchstäblich grenzüberschreitenden Anstrengung, vor der die Apparate althergebrachter Forschungseinrichtungen oft aus reinem Selbstschutz zurückscheuen. Der Aufwand an theoretischer Reflexion und praktischen Konsequenzen steht im Gegensatz zum wachsenden Volumen von M&A-Transaktionen – auch und gerade hierzulande. Darunter leiden müssen nicht bloß jene Mitarbeiter und Mitarbeiterinnen auf allen Ebenen, die für sich als Folge schlecht kommunizierter, gemanagter und umgesetzter Fusionsprozesse keine Zukunft in den betroffenen Unternehmen sehen. Sondern mit der Weigerung, sich mit den bestehenden Erfahrungen bezüglich Fusionen verstärkt auseinanderzusetzen, wird oft auch die Möglichkeit aufgegeben, aus ebendiesen Erfahrungen für die Zukunft zu lernen. Das Risiko der Wiederholung spezifischer Erfahrungen ist nicht von der Hand zu weisen.

Was soll dieses Buch leisten, und wie leistet es das?

Dieses Buch soll zeigen, dass es durchaus möglich ist, die Komplexität und Dynamik von M&A-Aktivitäten besser zu beleuchten, als dies bisher oftmals der Fall war. Anhand eines praktischen Beispiels und seiner theoretischen Unterfütterung entstehen Schlussfolgerungen, die einer zielführenden Abwicklung von Unternehmenszusammenschlüssen dienen und ihre Folgen kontrollierter beeinflussbar machen. Dabei kann und will diese Publikation allerdings keinen Beitrag zur Grundlagenforschung leisten. Wer auf der Suche nach solchem Material ist, dem seien etwa die Arbeiten von Stephan Jansen ans Herz gelegt. Die Diskussion des Themas im deutschen Sprachraum ist in seiner 2004 erschienenen Publikation *Das Management von Unternehmenszusammenschlüssen* theoretisch reflektiert und mit entsprechenden Beispielen aus der Praxis unterlegt. Wir folgen in unseren Überlegungen nicht allen seinen Thesen, sicher jedoch seiner Grundhaltung, M&A-Prozesse aus der Reduktion auf rein betriebswirtschaftliche Aspekte zu lösen und mit einem möglichst weit gefassten, systemtheoretisch informierten Blickwinkel einzufangen.

Wie bereits erwähnt, ist dieses Buch im Rahmen der Begleitung einzelner Unternehmenseinheiten beim Merger zweier Big Player in der Telekommunikationsbranche entstanden. Alarmiert durch die geringer werdenden Margen in dieser Branche, den wachsenden Ressourceneinsatz bei der Erschließung globaler Absatzmärkte und auf der Suche nach einem angemessenen Value Capturing, vereinbarten die beiden Unternehmen Alcatel und Lucent im Jahr 2006, ihre Kräfte zu bündeln und entstehende Synergien auszuschöpfen.

In der Folge entstand eine Dynamik zwischen den beteiligten Kooperationspartnern, die typisch ist für so viele Unternehmenszusammenschlüsse – inklusive der parallel eingeleiteten »Gegenmaßnahmen« im Sinne einer professionellen Post Merger Integration. Nach der anfänglichen Euphorie wurde jedoch recht schnell deutlich, dass die beiden Unternehmen Gefahr liefen, sich miteinander zu verheddern. Aus der Beobachtung heraus, dass das vom Topmanagement eingesetzte Post Merger Integration Team dabei einen nicht unwesentlichen Anteil hatte, entwickelten sich die ersten Überlegungen zu diesem Buch. In enger Anlehnung an die Praxis wurde dabei auf eine theoretische Perspektive zurückgegriffen, die auf den ersten Blick ungewöhnlich scheinen mag. Auf der Grundlage der Beobachtungen und Überlegungen des Ethnologen Gregory Bateson (1904–1980) wurde eine Denkfigur übernommen und entfaltet, die die gesamte Grundlogik bei Unternehmenszusammenschlüssen in ein zunächst fremdes und doch gerade dadurch für die Praxis aufschlussreiches Licht rückt.

Bereits in den 30er-Jahren des 20. Jahrhunderts hatte Gregory Bateson im Anschluss an seine Feldforschungen in Bali die Frage gestellt, was eigentlich genau passiert, wenn zwei vollkommen unterschiedliche Kulturen miteinander in Berührung kommen. Seine kulturtheoretischen Bemerkungen dazu zählen zu den Klassikern der Konfliktforschung und werden oft und zu Unrecht unterschätzt. In der Begleitung des Mergers von Alcatel und Lucent erwiesen sich seine Überlegungen jedoch immer wieder als fruchtbar und sorgten für Orientierung in einem überaus komplexen Veränderungsprozess. Die systematische Ausarbeitung seiner Denkfiguren bildet die konzeptionelle Grundlage dieses Buches. Es bestand hierbei allerdings die Gefahr einer vorschnellen Analogiebildung und daraus resultierende Missverständnisse, und es stellte sich im Rahmen dieses Buches als notwendig heraus, Batesons Überlegungen für den Kontext von Unternehmenszusammenschlüssen zu modifizieren. Ein wesentlicher Unterschied zu der ursprünglichen Idee Batesons besteht darin, die Frage nach der »Kultur« von Unternehmen bzw. die in diesem Zusammenhang verwendeten Begrifflichkeiten zu präzisieren. Da dies nur im engen Anschluss der theoretischen Überlegungen an die Praxis Sinn hat, ähnelt diese Arbeit immer auch der eines Ethnologen im Feld, dessen Haltung der »teilnehmenden Beobachtung« – des eingebundenen Außenblicks also – mit der Perspektive einer systemtheoretisch informierten Beratung bzw. generell mit Formen der Beobachtung zweiter Ordnung vergleichbar ist.

Doch nicht nur hinsichtlich der aus bestimmten Haltungen resultierenden Beobachtungsfilter legt die Komplexität von Unternehmenszusammenschlüssen ein ethnologisches Mindset und Vorgehen nahe. Aufgrund der mit der Perspektive des Ethnologen notwendigerweise verbundenen Nähe zur Praxis empfiehlt es sich auch, ihr eine dezidierte theoriegeleitete Perspektive an die Seite zu stellen. In diesem Fall wird auf das Geschehen geblickt durch eine systemtheoretische Brille, mit der die reduktionistischen Vereinfachungen vieler rein betriebswirtschaftlicher Abhandlungen zu diesem Thema verhindert werden sollen. Zu viele Rädchen greifen schon auf den unteren Ebenen eines Unternehmens ineinander, als dass lineare Ableitungen und Erkenntnisse das Geschehen bei Unternehmenszusammenschlüssen einfangen, geschweige denn steuern könnten. Fusionen sind keine einfachen linearen Rechnungen im Stil von »1 + 1 = 3«, sondern bündeln die komplexen Veränderungen und Dynamiken sowohl einer globalen Ökonomie als auch der internen Verhältnisse der beteiligten Unternehmen – wie der Fokus eines Brennglases das Licht bündelt. Der radikale Wandel ist hierbei ebenso Tagesgeschäft wie die Auseinandersetzung mit Diversität; der Alltag der Organisationen wird fragil,

bestehende Selbstverständlichkeiten lösen sich auf, bislang unver-
brüchliche Übereinkünfte – die bestehende Unternehmenskultur im
Sinne von nicht entscheidbaren Entscheidungsprämissen – werden
plötzlich hinterfragbar und verlieren so ihre sinnstiftende Funktion.
Die Führung ist gefragt, gerät unter Druck, Entscheidungen bei zunehmend intransparenter Sachlage zu treffen, und muss bei gleich-
zeitiger Erschütterung ihrer Legitimationsgrundlagen stets sichtbar
und präsent bleiben. Die gesamte Organisation bewegt sich mehr und
mehr in Grenzbereichen, hat mit Grenzen zu tun, bewegt sich über
Grenzen hinweg – allerdings ohne sie je auflösen zu können (wie dies
etwa in dem Gedanken einer Boundaryless Organization suggeriert
wird). Stattdessen multiplizieren sich die Schnittstellen und kommunizierenden Gefäßen zwischen Zentrum und Peripherie, Hierarchie
und Netzwerk, eigener und neuer Einheit. Jeder Organisation, die sich
einem Unternehmenszusammenschluss aussetzt, wird vor Augen
geführt, was in ihrem Alltag der Routinen, der Leistungserbringung
und Problemlösung sorgfältig ausgeblendet wird: ihre eigene paradoxe
Form.

Es sind diese Berührungen mit Grenzen (der Zugehörigkeit,
der Identität, der Verortung und Beheimatung), welche – neben
den Überlegungen zur Kulturberührung und in gewisser Weise als
Ableitung aus ebendieser – den Begriff »Grenzmanagement« und
alles, was damit in Sachen M&A konkret verbunden ist, ins Zentrum
dieses Buches rücken. Hierbei interessieren insbesondere zwei Aspekte: Zum einen wird der trivialen Vorstellung entgegengetreten,
dass sich bei einem Unternehmenszusammenschluss die Grenzen
zwischen beiden Organisationen ohne besonderes Zutun nach Bedarf auflösen lassen. Außer eines entsprechenden Beschlusses des
Topmanagements bedarf es dazu in der Praxis einiger Anstrengung.
Der wechselseitige konstruktive Umgang mit den Grenzen des jeweils
anderen lässt sich per Anweisung zwar gut irritieren, jedoch allerdings
nicht problemlos »herstellen«. Viel zu viel steht auf dem Spiel, als
dass die eigenen Routinen, die langjährige eigene Erfolgsgeschichte,
das Gefühl der Zugehörigkeit widerstandslos eingetauscht wird gegen
eine ungewisse Zukunft. Wie bereits angedeutet wurde, führen oft
gut gemeinte, aber in ihren Auswirkungen kontraproduktive Bemühungen um »Integration« zu folgenreichen Fehlentwicklungen. Mit
dem methodologischen Rüstzeug Batesons einerseits und einem
gründlichen Blick auf systemtheoretische Implikationen eines not-

wendigen Grenzmanagements andererseits soll gezeigt werden, wie die paradoxe Denkfigur einer Integration durch Differenzierung vor allem bei den nachlaufenden Prozessen der Post-Merger-Phase einen Ausweg aus dem Dilemma sich wechselseitig verstärkender Immunreaktionen bietet. Erst oder bereits – je nach Erwartungshaltung – in der genauen Betrachtung der auf die Pre-Merger-Phase und den Day One folgenden Reaktionen lassen sich genau die Muster feststellen, die dann oft Integrationsexperten in Post-Merger-Programmen, -Seminaren und -Workshops nachzubehandeln versuchen – leider nicht immer mit Erfolg.

Wie der Begriff des Grenzmanagements verlangt also auch der Begriff der Integration nach einer differenzierten Bestimmung – obwohl oder gerade weil er im Rahmen von M&A-Prozessen allerorts im Munde geführt wird und mit ebenso großer Selbstverständlichkeit Eingang in die Praxis der Beratung und Begleitung findet. Eine wachsende »Integrationsindustrie« ist rund um das Thema »Post-Merger-Integration« entstanden und versucht sich an den Konflikt- und Kooperationsdynamiken. Ein wenig durchdachter Kulturbegriff in Kombination mit einem rezepthaften Vorgehen kann dabei schnell in der Verschlimmbesserung der Verhältnisse enden.

Die Frage, die bei der Bewältigung von Unternehmenszusammenschlüssen immer wieder im Raum steht, lautet: Warum gelten der »Integration« so viel Aufmerksamkeit und Bemühen und werden gleichzeitig die systemimmanenten Abstoßungsreaktionen in einem solchen Prozess verdrängt? Mit welchen Prämissen wird hier beobachtet und gehandelt? Ist es die grundlegende (Fehl-)Einschätzung, dass sich zwei Unternehmen nach dem Merger keine Unterschiede mehr leisten dürfen? Was gemeinhin als Integration bezeichnet wird, entpuppt sich bei näherem Hinsehen als nicht unkritische organisationale, manageriale und (unternehmens)kulturelle Gleichschaltung. Mit anderen Worten: Gerade in M&A-Prozessen misslingt meistens die notwendige Umstellung von Gleichheit auf Vergleichbarkeit. »Erst durch die Vergleichbarkeit entsteht die Gleichheit des Eigenen mit sich selbst im Vergleich zum Fremden«, schreibt Jansen (2004, S. 351) und verweist damit auf das Bedrohungspotenzial, das die andere, unbestimmte Seite einer solchen Formel ausmacht. Das bleibt nicht ohne Konsequenzen. Denn die Vergleichbarkeit deckt eben nicht nur die positiven, sondern auch die negativen, weniger starken und nicht gern zur Kenntnis genommenen Aspekte des Eigenen schonungslos auf: »Unangenehm für das Eigene, sich so relativieren lassen zu müssen« (ebd.).

Die Vorgehensweise

Angelegt wurde dieses Buch als eine Mischung aus theoretischen Betrachtungen und Praxisbericht. Die Erfahrungen, die in der konkreten Begleitung des Mergers von Alcatel und Lucent gewonnen wurden, führen zu der Erkenntnis, dass nichts praktischer ist als eine gute theoretische Grundlage. Der Spannungsbogen der vorliegenden Ausführungen bezieht seine Kraft sowohl aus dem konkreten Fallbeispiel als auch aus der Verschränkung zweier Denkfiguren, die beide auf einen zentralen Stolperstein in der konzeptionellen Durchdringung der Grundarchitekturen von M&A-Prozessen verweisen. Es geht dabei um a) eine spezifische Idee von Integration, die b) gespeist wird aus einem traditionellen Verständnis des Begriffs der Identität von Organisationen. Wir werden sehen, dass es genau diese Vorstellung von Identität ist, die im Verlauf von Fusionsprozessen beginnt, sich quasi selbst im Weg zu stehen – indem sie nämlich eine Dynamik entfaltet, die Integration verhindert, weil sich Organisationen mit entsprechendem Subversionspotenzial vor dem Verlust ihrer Identität schützen.

Die bestehenden, immer wieder schablonenhaft zum Einsatz gebrachten Integrationsmodelle tendieren dazu, sich über die – durch Vergleich entstandene – Offenbarung des eigenen Makels hinwegzutäuschen. Will man einen Ausweg aus diesem häufig uneingestandenen Dilemma zu finden, ist ein differenzierter Blick auf die Paradoxie der Integration, ihre Funktionsweise und ihre Vermischung mit dem, was oft unter Unternehmenskultur verstanden wird, notwendig. Für die vorliegende Arbeit wurde daher ein theoretisch-praktischen Dreischritt gewählt:

Teil I: Aufbereitung des Theorieangebots

In Kombination mit systemtheoretischen Beobachtungen zum Grenzmanagement von Organisationen liefern Gregory Batesons Überlegungen zu »Kulturberührung und Schismogenese« (in Bateson 1984) ein veritables Instrumentarium zur Analyse jener Abläufe, die aus einer ethnologischen Perspektive heraus als kennzeichnend für die »Berührung von Kulturen« formuliert wurde. Von Niklas Luhmann und Gregory Bateson ausgehend, wird der begriffliche und konzeptuelle Rahmen entwickelt, der für eine der Komplexität des Geschehens angemessene Diagnose des M&A-Kontextes unabdingbar ist. Ein empirischer Überblick über das M&A-Phänomen sorgt dabei vorweg für die notwendige Orientierung.

Teil II: Die Fallstudie

Anhand des transatlantischen Mergers zwischen den Technologie Unternehmen Alcatel (Frankreich) und Lucent (USA) entstand eine vielschichtige Erzählung aus der Praxis, deren Fokus in dem vorliegenden Buch auf den Feldern HR und Organisationsentwicklung liegt. Gerade in diesen Bereichen stellt sich die Frage der Kulturberührung in organisationaler Hinsicht in einem besonderen Ausmaß. Hier spielt wie in kaum einer anderen Dimension die sogenannte Post-Merger-Integration eine zentrale Rolle.

Teil III: Werkzeuge für die Praxis

Nach der Diagnose des Merger-Prozesses am Beispiel von HR werfen wir einen Blick in die Werkzeugkiste eines Veränderungsmanagements, mit der (nicht nur im vorliegenden Fall) die Begleitung von M&A-Prozessen unterstützt werden kann. Auch wenn hinlänglich bekannt ist, dass diese Art von Change-Begleitung immer wieder an die Grenzen ihrer Wirksamkeit stößt, wollten wir den konzeptionellen Überlegungen unbedingt auch einen praxisorientierten Zugang zur Seite stellen, in dem die eigenen Erfahrungen in der Begleitung von Unternehmenszusammenschlüssen aufbereitet sind.

Der rote Faden für das Praxisbeispiel

Bezogen auf das praktische Beispiel – die Unternehmensfusion von Alcatel und Lucent –, haben wir den roten Faden der Argumentation wie folgt gespannt:

- Um die wirklich großen Herausforderungen eines globalen Mergers zu bewältigen, wählt Alcatel-Lucent zunächst den klassischen Weg der Komplexitätsreduktion: ein zentral gesteuerter, gut strukturierter und generalstabsmäßig vorbereiteter Masterplan, der über die gesamte Organisation ausgerollt wird und die Integration der einzelnen Einheiten im Sinne einer »strikten Kopplung« eng miteinander verknüpft.

- Die Schwierigkeiten, in die Alcatel-Lucent damit hineinläuft, sind zumindest aus einer Außenperspektive vorhersehbar: eine zunehmende Diskrepanz zwischen einem zentral gesteuerten Veränderungsprozess und den lokalen Aktivitäten in den unterschiedlichen Ländern und Geschäftsfeldern, die aufgrund unterschiedlicher Rahmenbedingungen (rechtlich, steuerlich, formal) nicht mit den zentralen Vorgaben Schritt halten können.

- Das Ergebnis dieser wachsenden Diskrepanz ist eine zunehmende Entfremdung der Beteiligten vor Ort, mit der die anfängliche Neugier auf die Chancenpotenziale des neuen Unternehmens in Skepsis und schließlich in Frust umschlägt. Plan und Realität vor Ort weichen mehr und mehr voneinander ab, was zu einer sich selbst verstärkenden Dynamik führt: Im klassischen Paradigma der zentralen Steuerung kann auf Planabweichung nur mit noch mehr zentraler Steuerung reagiert werden, was aber dazu führt, dass die Diskrepanz »vor Ort« noch weiter wächst.

- Parallel dazu hat jeder Merger mit dem Phänomen der Schismogenese zu kämpfen, d. h. der Paradoxie, dass mit dem Druck in Richtung Integration die Immunreaktion der beteiligten Systeme aktiviert wird – mit dem Ergebnis, dass die Autonomiebestrebungen der betroffenen Einheiten zunehmen, je stärker seitens der zentralen Steuerung auf Integration gedrängt wird.

- Das Paradigma einer zentralen Steuerung solcher komplexen Prozesse verstärkt auch die Schismogenese zwischen den einzelnen Einheiten. Zusätzlich zur Diskrepanz von zentralen Vorgaben und lokaler Umsetzungsgeschwindigkeit wächst die Tendenz zur Abgrenzung zwischen den Beteiligten – die für die Hebung von Synergiepotenzialen notwendige Verständigung über bestehende Ressourcen und Prozessabläufe weicht einem defensiven Beharren auf den jeweils bestehenden Lösungen. Statt *best of both* macht sich das Gefühl von *better we than them* breit; statt Integration bestimmen Ab- und Ausgrenzungen das Geschehen.

- Beispielhaft lässt sich diese Entwicklung am Fall des Personalbereichs der Alcatel-Lucent Deutschland zeigen. Im Kontext des laufenden Merger-Geschehens macht sich die Diskrepanz zwischen (zentralem) SOLL und (lokalem) IST natürlich auch in dieser Einheit bemerkbar. Alle Bemühungen im HR-Bereich in seiner Rolle als verantwortlicher Change Agent und gleichzeitig Betroffener, durch eine professionelle Post-Merger-Integration die Synergiepotenziale beider Unternehmen zu heben, sind geprägt von den hier skizzierten Dynamiken. Eingesetzte Werkzeuge sind vor diesem Hintergrund nur bedingt wirkungsvoll, und es besteht immer Gefahr, dass sie als Mittel zur eigenen Abgrenzung missbraucht werden.

- In der Selbstbeobachtung des Konzerns wird deutlich, dass der eingeschlagene Weg einer strikten Kopplung bzw. zentralen Steuerung überwiegend kontraproduktive Wirkungen hat. Man entschließt sich zu einer Kursänderung, die den lokalen Geschäftseinheiten wieder mehr Freiraum zugesteht. Mit zunehmender unternehmerischer Eigenverantwortung wird lokale Differenzierung möglich, die wiederum die jedem Merger inhärente Tendenz zur Schismogenese beruhigt. Wechselseitiges Lernen kann stattfinden und ermöglicht allen Beteiligten einen veränderten Umgang mit den eingespielten Mustern und Routinen.

- Der Fusionsprozess gewinnt damit eine neue Perspektive, die sich nicht zuletzt im Wechsel der verantwortlichen Topmanager niederschlägt. Mit einem neuen CEO nimmt Alcatel-Lucent weitere Kurskorrekturen vor, die die Erfolgswahrscheinlichkeit für den Merger erhöhen und ein Ausweis für die Lernfähigkeit des Konzerns sind.

- Mit Blick auf die parallel sich entfaltende Wirtschaftskrise ist zwar ein sofortiger Niederschlag dieser Kursänderung in der ökonomischen Dimension nicht sehr wahrscheinlich. Nichtsdestoweniger ist der Konzern aufgrund des neuen Kurses besser aufgestellt als zu Beginn der Fusion. Mit der positiven Wendung des globalen Wirtschaftsklimas ist damit zu rechnen, dass Alcatel-Lucent zu den Gewinnern der Branche zählen wird.

- Aus dieser Perspektive beschreiben und illustrieren wir die Lernfähigkeit der Gesamtorganisation: Der Merger selbst wird zu einem Lehrstück in Sachen Selbstreflexion und Veränderungsfähigkeit – das konsequente Vorantreiben dieser Selbsterneuerung durch das Topmanagement ist ein wesentlicher Beitrag für die Zukunftsfähigkeit des Unternehmens.

- Wiederum am Beispiel von HR verdeutlichen wir dieses Vorgehen, indem wir es mit Beispielen für die Umsetzung des veränderten Steuerungsparadigmas und der damit möglich gewordenen »Integration durch Differenzierung« illustrieren.

So weit der rote Faden unserer Darstellung, die im Folgenden mit konzeptionellem und empirischem Material versehen wird. Das Ziel dieser Überlegungen ist eine Antwort auf die grundlegende Frage dieses Unternehmenszusammenschlusses: Wie können die Erfahrungen, die dort gemacht wurden, in einen angemessen komplexen konzeptionellen Rahmen gestellt werden, durch den der laufende Prozess besser verstehbar und – jenseits aller Schuldzuschreibungen an die verantwortlich handelnden Führungskräfte – letztendlich auch besser steuerbar wird? Ein solches Lehrstück sollte das Potenzial haben, auch für andere »Fälle« Hinweise dafür bereitzuhalten, wie die immer herausfordernde Praxis solcher Zusammenschlüsse besser gestaltet werden kann. Ob dies gelungen ist, obliegt nicht mehr in den Händen des Autors: Hier sind nun tatsächlich Sie gefragt ...

1. Merger? Merger!

Bevor anthropologische und soziologische Einsichten mit aktuellem Wirtschaftsgeschehen verknüpft werden, sollen zunächst die wichtigsten Daten und Fakten zum Phänomen »M&A« skizziert werden – als Grundlage für die Einschätzung der hier vorgestellten Überlegungen. Verfolgt man die aktuellen Meldungen der einschlägigen Tagespresse, so taucht das Thema »Unternehmensfusionen« während der letzten Jahre mit erstaunlicher Regelmäßigkeit auf. Zwar hatten viele Beobachter des Wirtschaftsgeschehens nach den überwältigenden Rekordzahlen im Jahr 2006 wieder mit einem Rückgang der Unternehmensfusionen gerechnet; ein Blick auf den Markt für Unternehmen belehrt jedoch schnell eines Besseren. Unternehmenszusammenschlüsse boomen nach wie vor. So wurde im April 2007 ein neues Rekordhoch bei den ins Spiel gebrachten Summen erreicht, das laut *Financial Times Deutschland* vom 3. Mai 2007 mit 536,3 Mrd. US-Dollar sogar das bis dahin bestehende Rekordtransaktionsvolumen vom Januar 2006 übertraf. Der Trend war auch in den folgenden Jahren ungebrochen, und man darf gespannt sein, wie sich die weltweite Rezession in den kommenden Jahren auf die Zahl der Unternehmenszusammenschlüsse niederschlägt.

Auch wenn das schiere Transaktionsvolumen kein Hinweis auf eine zwingende Sinnhaftigkeit dieser Aufkäufe und Zusammenschlüsse sein muss, so liegt der Gedanke sehr nahe, dass durch die »Vereinigung der Kräfte« (so etwa das Standardwerk der eher optimistischen Phase der 90er-Jahre zum Thema M&A, Marks a. Mirvis 1997) etwas erreicht wird, was von einem Unternehmen allein (wenn überhaupt, dann) nur mit hohem Kraftaufwand zu bewältigen ist. Was also ist die Logik oder, besser, das Kalkül hinter solchen Unternehmenszusammenschlüssen?

Folgt man der gängigen Lehrmeinung, so liegt das Hauptziel von Unternehmenszusammenschlüssen einerseits darin, die eigene Marktmacht zu vergrößern, andererseits darin, möglichst hohe Synergieeffekte auf der Kostenseite zu erlangen. Anstatt als Unternehmen organisch zu wachsen, sucht man sowohl auf der Ertrags- als auch auf der Kostenseite nach »Abkürzungen«, die es erlauben, den (in erster Linie ökonomisch definierten) Unternehmenswert rasch zu steigern.

Value Capturing statt Natural Growth lauten hier die entsprechenden Vokabeln. Unter der Voraussetzung einer hinreichend großen Passung wird durch die Zusammenlegung von Unternehmen zusätzlicher Mehrwert geschaffen: »1 + 1 = 3«, so die (simplifizierende) Formel der Finanzspezialisten für diesen optimierten Unternehmenswert. So weit die Theorie. Die Praxis freilich sieht anders aus – wir werden darauf noch zurückkommen.

Wirft man einen Blick auf die historische Dimension dieses Phänomens, lassen sich seit Beginn der Industrialisierung fünf große Fusionswellen nachzeichnen (Budzinski u. Kerber 2003). Ende des 19. Jahrhunderts waren Unternehmenszusammenschlüsse geprägt von sogenannten horizontalen Übernahmen. Ausgelöst durch rapiden Preisverfall, Überkapazitäten und Kartellverbote, war es das Ziel dieser Übernahmen, durch die Bildung von Trust Companys eine Monopolstellung auf dem Markt zu erreichen. Tatsächlich gelang es Unternehmen wie beispielsweise American Tobacco nach entsprechenden Zusammenschlüssen und Unternehmenskäufen einen Marktanteil von bis zu 90 Prozent zu erlangen. Die Folge dieser Trustbildungen waren jedoch staatliche Regulierungsversuche, mit denen etwa im Rahmen konsequenter Antitrustgesetze solche Marktmonopole erfolgreich beschränkt oder gar komplett unterbunden wurden.

Weil man bestrebt war, diese Antitrustgesetze zu umgehen, folgte die zweite Fusionswelle, und zwar um 1920. Durch vertikale Zukäufe versuchten Unternehmen, den Produktionszyklus innerhalb der eigenen Wertschöpfungskette zu beherrschen. Ende der 1920er-Jahre geschah dies vorwiegend durch defensive Mergers, d. h. durch den Aufkauf und die Schließung von konkurrierenden Unternehmen, wodurch die Zahl der Wettbewerber erfolgreich verringert wurde. Die zu dieser Zeit einsetzende sektorale Verschiebung von der produzierenden Industrie hin zu Versorgungsindustrien und Dienstleistungen unterstützte diese Entwicklung zusätzlich. Ein jähes Ende fand diese Welle durch den Schwarzen Freitag und die darauffolgende Weltwirtschaftskrise.

Eine dritte Fusionswelle in den 60er- und 70er-Jahren ging einher mit dem grundlegenden Strategiewechsel, den Unternehmen in dieser Zeit einläuteten. Statt weiter auf den Ausbau der eigenen Kernkompetenzen zu setzen, begann man, das bestehende Geschäft zu diversifizieren. Die Unternehmen fingen an, von der Idee einer reinen

Marktbeherrschung durch Spezialisierung abzurücken. Stattdessen sollten durch weitverzweigte Firmenimperien neue Arbeitsmärkte erschlossen und das gesamte Produktionsprogramm erweitert werden. Das Ziel waren die Verstetigung des eigenen Cashflows und die Minimierung der Risiken einer zu spezialisierten Produktion durch die radikale Erweiterung des eigenen Produktportfolios. Große, weltumspannende Firmenkonglomerate waren die Folge. Als Beispiel mag hierfür der Umbau des Automobilkonzerns Mercedes-Benz in einen integrierten Technologiekonzern gelten, in dem von Luftfahrt über Schienenverkehr bis hin zu damit zusammenhängenden Dienstleistungen (etwa Finanzierungsangeboten oder Versicherungen) alles unter einem Dach vereint werden sollte, was mit dem Thema »Mobilität« in Verbindung gebracht werden konnte. Da der hohe Kapitalbedarf dieser strategischen Zusammenschlüsse und -käufe weitgehend über die Aktienmärkte finanziert wurde, war ein deutlicher Rückgang der Transaktionen in den Jahren darauf absehbar, als infolge von staatlichen Eingriffen im Rahmen von Steuerreformen die Aktienmärkte erneut einbrachen.

Verstärkt wurde das Abflauen von Unternehmenszusammenschlüssen durch die Tatsache, dass viele der bestehenden Konglomerate in den 8oer-Jahren nicht zuletzt vor dem Hintergrund wachsender Steuerungsprobleme den Rückbau ihrer komplexen Strukturen und Produktportfolios einleiteten. Mit der Abkehr von den bis dahin vorherrschenden Diversifikationsstrategien begann man, die Konglomerate wieder aufzulösen und sich auf das eigene Kerngeschäft rückzubesinnen. Die (Wieder-)Entdeckung der eigenen Kernkompetenzen beflügelte viele Unternehmen, sich auf die Suche nach strategischen Transaktionen und internen Synergien zu konzentrieren.

Seit dem Beginn der 9oer-Jahre lässt sich nun eine neue Welle auf dem Markt für Unternehmenszusammenschlüsse beobachten, die gekennzeichnet ist von einer fortschreitenden Globalisierung, der sogenannten New Economy, dem Prinzip des Shareholder-Values und den damit vielfach verbundenen feindlichen Übernahmen von Unternehmen. Wie die vorangegangenen Wellen wurde auch diese Bewegung ausgelöst durch eine Neujustierung der mit Unternehmenszusammenschlüssen einhergehenden Risikobetrachtungen. Wie sonst auch, folgen Unternehmen zwingenden ökonomischen Entscheidungen und werden aktiv, wenn sie durch eine Fusion die Chance sehen, sich selber einen Marktvorteil gegenüber anderen

Unternehmen zu verschaffen. Bricht dieses Kalkül zusammen, etwa wenn eine mögliche Fusion für ein Unternehmen keine Vorteile mehr bieten würde, unterbleiben solche Aktivitäten bis auf wenige Ausnahmen (siehe dazu auch Jansen 2004, S. 147 ff.).

Während dieser letzten, durchaus noch anwachsenden Welle hat sowohl das Volumen als auch die Zahl der Unternehmenszusammenschlüsse ein bisher ungekanntes Ausmaß erreicht. Wir haben bereits darauf hingewiesen, dass zumindest nach der Meinung der einschlägigen Wirtschaftspresse ein Ende dieser Entwicklung vorerst auch nicht abzusehen ist.

Nimmt man die hier skizzierte historische Entwicklung mit ein wenig Abstand in den Blick, so lässt sich darin ein spezifisches Muster von Wellenbewegungen einer zu- und wieder abnehmenden Intensität von Unternehmenszusammenschlüssen erkennen. Auf den Punkt gebracht, folgen M&A im Grunde vorhersehbaren Pendelbewegungen. Ein konsolidiertes Unternehmen mit hohem Cashflow verlangt nach Reinvestition, fährt eine systematische Risikostreuung als Strategie und landet bei Unternehmenszusammenschlüssen als Diversifikation des bestehenden Produktportfolios. Ab einem bestimmten Grad an Diversifikation tritt für solche Unternehmen die Notwendigkeit einer Portfoliobereinigung auf, meist ausgelöst durch Performance-Unterschiede in den unterschiedlichen Subeinheiten bzw. Branchen bzw. Regionen etc. Das Ergebnis ist eine Konzentration auf das Kerngeschäft, und gezielte Zusammenschlüsse zur Arrondierung der eigenen Tätigkeit sind die Folge.

Zentralisierung führt zu Dezentralisierung führt zu Rezentralisierung etc. Konzentration führt zu Diversifikation führt zu Konzentration etc. Kostenführerschaft führt zu Differenzierung führt zu Kostenführerschaft etc. Der Umgang mit solchen organisationalen Paradoxien kann als eine zentrale Triebfeder in der Entwicklung von Unternehmen gelten – ganz und gar befreit von jeglichen Konnotationen des klassischen Entwicklungsbegriffs im Sinne eines linearen »Schneller, höher, weiter« und entsprechend kontextualisiert durch die Zugehörigkeit zu einer spezifischen Branche.

Offen bleibt in dieser Betrachtungsperspektive allerdings nach wie vor die Ausgangsfrage: Da offensichtlich das schiere Transaktionsvolumen nicht unbedingt als Erfolgskriterium für Unternehmenszusammenschlüsse gelten kann, bleibt eine Beurteilung der Ergebnisse von Transaktionen ein schwieriges Unterfangen. Anders gefragt: Für wen und wann lohnen sich Unternehmensfusionen überhaupt? In der wissenschaftlichen Literatur ist diese Frage in der Tat noch nicht eindeutig beantwortet: Grundlage hierfür wäre eine halbwegs eindeutige und damit verbindliche Erfolgsdefinition, die noch aussteht. Gleichwohl haben sich mit der Zeit fünf Verfahren zur Erfolgsmessung herauskristallisiert, die jeweils unterschiedliche Aspekte ins Auge fassen und damit auch zu ganz verschiedenen Ergebnissen kommen:

- die Analyse der Jahresabschlüsse
- kapitalmarktorientierte Analysen
- Insiderbefragungen
- Wiederverkaufsanalysen
- reine Erklärungsansätze.

Bis auf die letzte Kategorie ist all diesen Ansätzen gemeinsam, dass sie sich auf vorwiegend ökonomische Kriterien berufen und die »weichen Faktoren« in der Bewertung weitgehend vernachlässigen. Dazu zählen etwa die Fluktuationsrate von Leistungsträgern, Motivationsschwankungen der Kernbelegschaft, Verluste bei den immateriellen Bilanzposten wie etwa Reputation auf Kunden-, Zulieferer-, Kapital- und Arbeitsmärkten sowie Ab- und Zufluss von Wissen, eine Verwässerung der bestehenden Marken plus die daraus entstehenden Kosten des Re-Brandings bis hin zum Brain-Drain, d. h. zum Exodus der Kernbelegschaft des Unternehmens, etc.

Selbst bei den Erklärungsansätzen, die ihre Hypothesen aus der empirischen Untersuchung von Einzelfällen im Rahmen von Case Studies herausdestillieren, zeichnet sich kein einheitliches Bild ab. Je nach zugrunde liegenden Prämissen können die unterschiedlichsten Gründe für das Scheitern von M&A postuliert werden:

- Tiefgreifende Interessendivergenzen zwischen Management und Aktionären sowie anderen Stakeholdern, die ein systematisches Abschöpfen möglicher Synergien verhindern.
- Steigerung der (persönlichen) Bezüge des Topmanagements durch kurzfristige Investitionen und damit überproportionales Wachstum des Unternehmenswertes, an dem das Topmanagement durch Aktionsoptionen beteiligt ist, haben höhere Attraktivität als nachhaltiges Wirtschaften (Stichwort: Value Capturing statt Value Creation).

- Selbstüberschätzung des Managements bei der Durchführung von Unternehmenszusammenschlüssen – frei nach dem Motto: »Das wäre doch gelacht« (siehe hierzu etwa Roll 1986).
- Probleme mit Zulieferern und Kunden durch veränderte Marktsituation sowie Probleme bei der Prozesseffizienz nach der Zusammenlegung einzelner Einheiten.
- Oberflächliche oder gar unterbleibende Due-Diligence-Prozesse (= Vergleich der beiden beteiligten Unternehmen).
- Probleme bei der Unternehmensbewertung, wie sie z. B. von Porter (1987) beschrieben werden und die in der Konsequenz zu überhöhten Kaufpreisen führen.
- Keine weiter gehende Planung für die »Zeit danach« bzw. Probleme beim Post-Merger-Management, die zu hohen Integrationskosten führten, die erst im Nachhinein sichtbar wurden und die Erreichung der eingeplanten Synergien unmöglich machten (siehe dazu Möller 1983; Jansen 1998).
- Die Unterschätzung der psychischen Dynamik aufseiten von Mitarbeitern und Führungskräften, die einerseits zu hoher Fluktuation und andererseits zu absinkender Produktivität durch Stresskosten, Verlustängste und Verlierergefühle bei der verbleibenden Belegschaft führt (Marks a. Mirvis 1985).
- Anwendung von nicht übertragbaren Konzepten und Interventionen aus der Organisationstheorie, der BWL und dem Change Management, die sich auch in ökonomischen Dimensionen als Reputationsverlust bei Stakeholdern auswirken (Jansen 1998).

Welche Bewertungsmethode man immer auch zugrunde legt: Nach Einschätzung unterschiedlicher Beobachter scheitern rund zwei Drittel bis drei Viertel aller Unternehmenszusammenschlüsse (Jansen 2001). In seinen Untersuchungen weist Stefan Jansen zu Recht darauf hin, dass auch hier insbesondere systematische Untersuchungen zur Erfolgsbewertung von Unternehmenszusammenschlüssen weitgehend fehlen. Und doch sprechen die von ihm zusammengestellten empirischen Fakten in Einzeluntersuchungen eine beredte Sprache:

- 61 % der fusionierten Unternehmen wurden nach fünf Jahren wieder verkauft.
- Bei der Untersuchung von 250 europäischen Fusionen wiesen nur 29 % eine wertsteigernde Entwicklung auf.

- Der durchschnittliche Verlust für die Aktionäre bei allen börsennotierten amerikanischen Fusionen von 1955 bis 1987 lag fünf Jahre nach der Fusion bei 10,26 %.

Insgesamt wird der globale Vermögensverlust durch gescheiterte Fusionen in den 80er-Jahren auf 300 bis 500 Milliarden DM geschätzt (Zappei u. Eppinger 1992). Bei all dieser Unterschiedlichkeit in der Definition wie auch Bewertung von Erfolgsfaktoren für gelungene Unternehmenszusammenschlüsse wird aber auch immer wieder deutlich, dass insbesondere der Integrationsprozess nach dem offiziellen Closing, d. h. der formalen Vertragsunterzeichnung, die zentrale Schlüsselstelle für den Erfolg oder Misserfolg von M&A-Aktivitäten ist. Die Post-Merger-Integration (PMI) gilt zu Recht als Nadelöhr für das Erreichen jeglicher Synergieergebnisse zwischen den beteiligten Unternehmen: Ohne ein wie auch immer konzipiertes Management der nachfolgenden Prozesse führen die Anstrengungen aller involvierten Akteure bestenfalls zur Fortschreibung des Status quo vor dem Zusammenschluss. Wir haben gesehen, dass der Regelfall allerdings nicht so glücklich verläuft.

Die Scherben entstehen zum überwiegenden Teil nach dem Zusammenschluss – Grund genug, sich im Folgenden den zugrunde liegenden Prämissen und Konfliktdynamiken zuzuwenden, die für diese missliche Lage verantwortlich gemacht werden können. Vergegenwärtigen wir uns dazu noch einmal kurz den klassischen Ablauf eines Unternehmenszusammenschlusses, der mit seiner Logik in der einschlägigen Literatur (stellvertretend für viele: Jansen 2004) schematisch dargestellt wird wie in Abbildung 1, S. 30.

In seinen Untersuchungen weist Jansen weiter darauf hin, dass die entscheidenden Berührungsflächen und Nahtstellen in der Phase des Post-Mergers mindestens sechs Ebenen umfassen. Auf diesen Ebenen gilt es, die entsprechenden Synergiepotenziale zu generieren, die letztendlich über den Erfolg oder Misserfolg der gesamten Transaktion entscheiden.

Strategie: Hier geht es in erster Linie um die bestehende Komplementarität der Strategien, die unmittelbar mit einer erfolgversprechenden Geschäftsfeldintegration zusammenhängt. Die Definition einer gemeinsamen strategischen Neuausrichtung sowie die Absprache bezüglich bestehender Kunden-, Führungs-, Innovations-, und Wettbewerbsorientierungen ergänzen diesen Bereich.

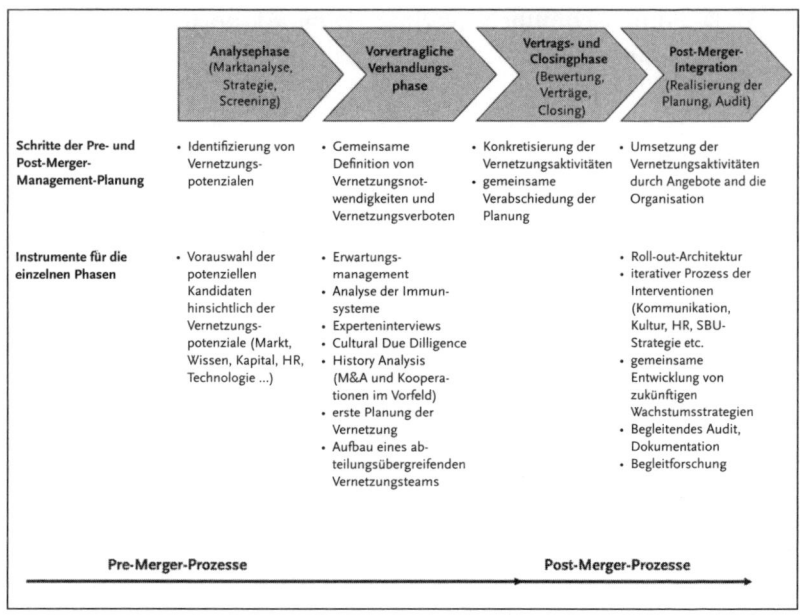

	Analysephase (Marktanalyse, Strategie, Screening)	Vorvertragliche Verhandlungs- phase	Vertrags- und Closingphase (Bewertung, Verträge, Closing)	Post-Merger- Integration (Realisierung der Planung, Audit)
Schritte der Pre- und Post-Merger- Management-Planung	• Identifizierung von Vernetzungs- potenzialen	• Gemeinsame Definition von Vernetzungsnot- wendigkeiten und Vernetzungsverboten	• Konkretisierung der Vernetzungsaktivitäten • gemeinsame Verabschiedung der Planung	• Umsetzung der Vernetzungsaktivitäten durch Angebote and die Organisation
Instrumente für die einzelnen Phasen	• Vorauswahl der potenziellen Kandidaten hinsichtlich der Vernetzungs- potenziale (Markt, Wissen, Kapital, HR, Technologie ...)	• Erwartungs- management • Analyse der Immun- systeme • Experteninterviews • Cultural Due Dilligence • History Analysis (M&A und Koopera- tionen im Vorfeld) • erste Planung der Vernetzung • Aufbau eines ab- teilungsübergreifenden Vernetzungsteams		• Roll-out-Architektur • iterativer Prozess der Interventionen (Kommunikation, Kultur, HR, SBU- Strategie etc. • gemeinsame Entwicklung von zukünftigen Wachstumsstrategien • Begleitendes Audit, Dokumentation • Begleitforschung

Pre-Merger-Prozesse   **Post-Merger-Prozesse**

Abb. 1: Schematische Darstellung eines Merger-Prozesses

Administration: Gemeint sind die komplette Integration der Aufbauor-
ganisation inklusive der entsprechenden Klärung notwendig auftau-
chender Schnittstellen und Doppelbesetzungen, die entsprechende
Prozessintegration samt der bestehenden Planungs- und Kontrollab-
läufe sowie die Harmonisierung des Rechnungswesens, ergänzt um
die finanztechnische und fiskalische Integration, die das Controlling
(Berichtswesen und Steuerung), die IT-Systemintegration sowie recht-
liche und steuerliche Aspekte umfasst.

Personal: Der Abgleich der praktizierten Führungsstile ist an dieser
Stelle genauso zu nennen wie der der eingesetzten Anreiz- und Ver-
gütungssysteme sowie die Unterschiede in der Personalentwicklung
und dem zum Einsatz kommenden Projektmanagement. Insgesamt
müssen bestehende Kommunikations- und Entscheidungsstrukturen
zumindest halbwegs aufeinander abgestimmt werden, damit das
komplexe Geschehen in Organisationen nicht völlig zum Erliegen
gebracht wird.

Kultur: Die Beachtung von nationalen und unternehmensspezi-
fischen Kulturen ist eine weitere Dimension, der es Aufmerksamkeit zu schenken gilt. Mit dem Aufbrechen bislang unhinterfragter

Selbstverständlichkeiten ist ein beträchtliches Irritationspotenzial entstanden, das meist in der Klärung von Fragen der Corporate Identity und des Corporate Design seinen Ausdruck findet, freilich ohne dass die dahinterliegenden Ängste und Konfliktdynamiken in den Blick genommen würden. Der gezielte Austausch von Managern und Mitarbeitern zwischen den beteiligten Unternehmen ist dabei nur eine Möglichkeit, die brodelnde Gerüchteküche durch persönliche »Einblicke vor Ort« zu entschärfen.

Geschäftsprozesse: Hier geht es um das betriebswirtschaftliche Herzstück der beteiligten Unternehmen: Zu nennen ist die Konsolidierung von Produktlinien, Produktionstechnologien, Forschungsprojekten, Standorten und Fertigungsstätten sowie die Prüfung möglicher Kostensynergien durch Integration des Einkaufs, der Logistik und des Vertriebs (etwa durch Marketingaktivitäten, Kundenklassifizierung, Reorganisation des Vertriebsnetzes etc.).

Externes Umfeld: Last, but not least zählen zu den Erfolgsfaktoren eines Zusammenschlusses die gelungene Kommunikation und die Einbindung von Analysten, Kunden, Lieferanten, Beratern sowie anderen Stakeholdern. Es geht, mit anderen Worten, um den Einbezug der relevanten Umwelten der beteiligten Unternehmen, um ein aktives Managen der bestehenden Geschäftsverbindungen, das bis zu einer nachvollziehbaren und transparenten Kommunikation der Chancen des Zusammenschlusses für die betreffenden Stakeholder reicht.

In welcher dieser Dimensionen auch immer gemanagt, beraten, geführt, implementiert, kurz: gearbeitet wird – im Hintergrund steht immer die Vorstellung, dass es bei den jeweiligen Aktivitäten um eine *Integration* (mindestens) zweier unterschiedlicher Systeme, Prozesse, Verfahren, Stellen, Produkte etc. geht. Auf dieser Vorannahme basieren in der Regel sämtliche Argumente, mit denen das Thema »M&A« überhaupt als sinnvoll erachtet und entsprechend durchgerechnet wird.

Halten wir für einen Moment inne und werfen einen Blick auf die jedem Unternehmenszusammenschluss zugrunde liegende Prämisse dieser Integration. Wir haben gesehen, dass der Integrationsprozess ganz offensichtlich – rein empirisch gesehen – in den seltensten Fällen gelingt. Wie wird dieser Umstand von den beteiligten Protagonisten erklärt? Welche spezifische Dynamik dient aus ihrer Perspektive als Triebfeder für die oft erbitterten Auseinandersetzung in einzelnen Phasen eines Mergers und sorgt damit immer wieder für hinreichend schwierige Konflikten bei allen Beteiligten (und führt so das Ziel des Unternehmenszusammenschlusses oft genug ad absurdum)?

Glaubt man den gängigen Erklärungsmustern, ist es vor allem ein zentraler Faktor, der dafür verantwortlich gemacht wird: die *Unternehmenskultur* der beteiligten Firmen. Die gängige Behauptung lautet: Erfolgreiche Akquisitionen und Zusammenschlüsse weisen einen *Cultural Fit* auf, d. h. die beteiligten Unternehmen haben keine nennenswerten kulturellen Differenzen (Buono a. Bowditch 1989). Der organisationale und – vor allem bei länderübergreifenden Transaktionen – nationale Cultural Clash hingegen wird als prominentester Grund für den Misserfolg von M&A-Aktivitäten postuliert. Im Rückgriff auf bereits vorkonfigurierte und damit leicht greifbare Klischees und Stereotypen liegt oft eine recht bequeme und intuitiv leicht nachvollziehbare Erklärung für die Irritationen und Fehleinschätzungen bereit, die gleichzeitig für Exkulpation und Entlastung bei den davon Betroffenen sorgt. In dem von uns noch näher ausgeführten Fall des Zusammenschlusses von Alcatel und Lucent liefert der Cultural Clash eine gängige Erklärung für diverse Herausforderungen in den konkreten Arbeitsfeldern.

Nimmt man jedoch existierende empirische Studien zu dieser Behauptung zur Kenntnis, wird die auf den ersten Blick durchaus intuitiv nachvollziehbare Prämisse ersten Zweifeln ausgesetzt. Die wenigen Studien mit diesem Fokus können keinen Zusammenhang zwischen Corporate Cultural Fit und finanziellem Erfolg von Unternehmenszusammenschlüssen belegen (vgl. Weber, Shenkar a. Raveh 1996). Im Gegenteil: Bei nationalen Kulturdifferenzen wurde sogar ein *positiver Beleg* für den Zusammenhang von kultureller Differenz und Performance nachgewiesen (siehe etwa Morosini, Shane a. Singh 1998, pp. 137–158). In den wenigen vorliegenden Studien wird deutlich, dass insbesondere in wissens- und wachstumsbasierten Branchen eine tolerierte kulturelle Differenz eher produktiv wirkt, da verschiedene Normen, Traditionen und Selbstverständlichkeiten reflektiert und zur Erweiterung des eigenen Horizontes genutzt wurden. Diese Erkenntnis ergibt durchaus Sinn: Inspiration, Innovation, Neugier und Interesse speisen sich in der Regel weitgehend aus dem unbefangenen Umgang mit Unterschieden. Umgekehrt – und diesen Gedanken müssen wir im Folgenden etwas vertiefen – kann eine hohe Kulturähnlichkeit zur Aktivierung der organisationalen Immunsysteme führen und damit eine übertriebene Abgrenzung aufgrund der (vermuteten) Ähnlichkeit auslösen.

An genau dieser Stelle wollen wir nun innehalten und einen Erklärungsversuch unternehmen, der durch seine theoretische Unterfütterung ein anderes Licht auf die Scheiternsszenarien von Mergers und Acquistions wirft. Handlungsleitend dabei ist die Einsicht, dass ohne eine hinreichend komplexe Analyse der Misserfolgsfaktoren sowohl das Management der Annährungsprozesse als auch die Beratung dieses Managements ein hohes Risiko eingehen, an den falschen Stellen anzusetzen und dabei im besten Fall wirkungslos zu bleiben, im schlimmsten Fall aber mehr Schaden anzurichten, als hilfreiche Unterstützung bereitzustellen. Um hier also nicht vorschnell den gängigen Erklärungsmodellen das Wort zu reden, müssen wir im Folgenden die beiden zugrunde liegenden Prämissen dieser Hypothese näher beleuchten. Wir wollen zeigen, dass sowohl das Postulat einer notwendigen »Integration« als auch der Verweis auf »unpassende« Unternehmenskulturen im Kern unterkomplex sind und den Anforderungen einer angemessenen Beschreibung der Misserfolgsfaktoren für M&A nicht genügen.

Wir haben bereits angedeutet, dass ein zentrales Hindernis für das Verständnis der einem Unternehmenszusammenschluss zugrunde liegenden Dynamik in einer unreflektierten Leitbildfunktion des Begriffs »Integration« einerseits und einer ebenso einseitigen Problematisierung der Begriffe »Grenze«, »Kultur« und »Differenz« andererseits liegt. In M&A-Prozessen führt das in der Regel dazu, dass unter dem selbst initiierten Erfolgsdruck – schließlich gilt es ja, aus eins und eins drei zu machen – oft etwas vorgegeben wird, was sich de facto erst in langfristigen Entwicklungen vollziehen kann.

> »Zu den bemerkenswerten Eigenarten von Integration in Organisationen, zwischen Organisationen und im Verhältnis von Organisationen zu den organisch-psychischen Systemen ihrer Mitglieder gehört, dass sie Zeit in Anspruch nimmt. Es geht also nicht nur um so etwas wie strukturelle Kompatibilität – etwa: von Anforderungen und Eignungen –, sondern auch um Integration mit zeitlichen Verzögerungen«,

schreibt Niklas Luhmann (2000, S. 100) in seinen systemtheoretischen Untersuchungen von Organisationen und umreißt damit den entscheidenden Problembereich in Merger-Abläufen. Aus der Praxis bekannt sind auch die ersten Abstoßungsreaktionen, man kennt die notorische Ungeduld, die Irritation nach Bekanntgabe der Absichten: Jede Form von Widerstand oder Zögern wird im laufenden Prozess automatisch als Scheitern verbucht, dementsprechend als Bedrohung identifiziert und im Konkreten entweder schlicht ignoriert (Augen zu und durch) oder mit einem aktionistisch getönten Maßnahmenpakten ausgetrieben. In einem solchen Kontext auf Zeit nicht zu verzichten, sondern zu beharren, erfordert nicht nur starke Nerven, sondern auch eine dezidierte analytische Position, die die folgenden Überlegungen schärfen sollen.

Die Erfahrungen, die auch wir in der konkreten Praxis mit solchen weitgehend unverstandenen Szenarien des Scheiterns gemacht haben, waren Anlass genug, einen grundsätzlichen Blick auf die Materie zu wagen – abseits des hektischen Alltagsgeschäfts mit seiner tendenziellen Reflexionsresistenz. In Gesprächen mit Kollegen und Fachexperten wie auch Beobachtungen anderer Merger-Prozesse haben wir festgestellt, dass sich das Phänomen der Druckbetankung – ein Begriff, der sich in Anlehnung an die sensationell verdichteten Boxenstopps der Formel 1 bei uns eingespielt hat – nicht nur so leidvoll wie sinnlos wiederholt, sondern letztlich nur durch ein (system)theoretisch informiertes Verständnis von den Prozessen der Integration zweier Unternehmen überwunden werden kann.

Um dieses Verständnis zu wecken, müssen wir in den folgenden Ausführungen zunächst an zwei Punkten ansetzen: Zum einen halten wir es für sinnvoll, jenes systemtheoretische Vokabular einführen, das Niklas Luhmann in seinen Arbeiten entwickelt und in vielfältigster Weise auf unterschiedliche Praxisfelder angewandt hat – nicht zuletzt auf den Bereich der Organisation bzw. des Unternehmens (Luhmann 1987, 2000). Wir haben die Erfahrung gemacht, dass der Einsatz dieses begrifflichen Werkzeugs uns tatsächlich eine präzise Beschreibung der dynamischen Zustände der weiter oben skizzierten Umstände ermöglicht und damit hinreichend komplexe Anregungen gibt, über Interventionsmöglichkeiten und -formen nachzudenken, die so zunächst nicht in unserem Blickfeld waren. Auch wenn das Eintauchen in einen nicht immer leicht verständlichen systemtheoretischen Kontext die Geduld des Lesers möglicherweise auf eine harte Probe stellt: Ohne Rückgriff auf diese theoretischen Ressourcen bleibt ein großer Teil der Dynamik von M&A-Prozessen unverstanden: Man bewegt sich im Fahrwasser der gängigen Erklärungsmuster.

Im Anschluss daran ergänzen wir Luhmanns Grundriss organisationaler Verfasstheit um die bereits erwähnte Klassifikation der Formen der Kulturberührung des Ethnologen Gregory Bateson. Dies geschieht mit der Idee im Hinterkopf, daraus konkrete Handlungs- und Interventionsoptionen für eine konstruktive Gestaltung der schwierigsten Phase eines Unternehmenszusammenschlusses abzuleiten. Erst danach werden wir uns mit den praktischen Konsequenzen beschäftigen, die diese Überlegungen für die Gestaltung des Merger von Alcatel und Lucent nach sich gezogen haben.

Identität, Differenz und Wiederholung

Machen wir zunächst also den ersten Schritt: Wie sieht ein systemtheoretisch informierter Zugang zum Thema »Organisation« aus, und worauf wird der Blick durch die damit gelegten Prämissen gelenkt, wenn man sich denn auf diese Perspektive einlässt? Am Anfang dieser Betrachtung steht eine fast schon banal klingende Aussage: Unternehmen sind (geschlossene) Systeme. Warum das so ist? Ebenso einfach wie kompliziert gesprochen: weil sie sich sonst nicht bzw. durch nichts von ihrer Umwelt unterscheiden würden. Die Grenze zwischen einem System und seiner Umwelt markiert die Identität des Systems durch genau diese Differenz und stellt dadurch die Überlebensfähigkeit des Systems als autonomer Einheit sicher. Die Finesse dieses Gedankens liegt in dem kleinen Zusatz der Geschlossenheit: Im Rückgriff auf ein ganzes Bündel von interdisziplinären Forschungen postuliert die moderne Systemtheorie, dass jedes System all das, was außerhalb seiner Grenze liegt, zwar aufnimmt und prozessiert – dies aber *in seiner eigenen Logik* tut. Was außerhalb des Systems passiert, passiert nicht einfach und wird durch das System passiv zur Kenntnis genommen, sondern ist eine aktive Konstruktionsleistung des Systems selbst. Mit anderen Worten: Systeme sind zwar umweltoffen, aber »operativ geschlossen«, d. h., ob etwas Relevanz hat für die Operationen im System, entscheidet nicht die Außenwelt, sondern einzig und allein das System selbst. Dieser Gedanke ist zunächst durchaus gewöhnungsbedürftig – reden Unternehmen etwa nicht ständig von Krisen, die sie ereilen, in die sie schlittern und die dann Anlass sind für mannigfaltige (mal mehr, mal weniger erfolgreiche) Aktionen ihrer Führung? Aber ja doch, würde der Systemtheoretiker einwenden, natürlich passieren »draußen« Dinge, die – unabhängig von dem jeweiligen Zustand eines Unternehmens – irgendeine Bedeutung für die weitere Existenz dieses Systems haben. Aber welche genau, das entscheidet eben das System und nicht die Umwelt. Märkte verändern sich, Kunden entwickeln andere Präferenzen? Es gibt Unternehmen, die sich entschließen, darauf zu reagieren und die Veränderung als Anlass für die Überarbeitung und Nachjustierung ihres Leistungsspektrums zu nutzen. Und es gibt Unternehmen, die sich – aus welchen Gründen auch immer (und einer davon ist paradoxerweise der eigene Erfolg der Vergangenheit) – dazu entschließen, dies nicht zur Kenntnis zu nehmen. Und sich dann mit den daraus resultierenden Konsequenzen herumschlagen müssen. Es ist ja tatsächlich nicht so, dass alle Unternehmen gleichermaßen von strukturellen Umbrüchen ihrer eigenen Branche betroffen sind: Die aktuellen Entwicklungen in der Automobilindustrie zeigen etwa recht gut, wie ein und dasselbe Außenereignis – die sich zu Ende neigende Versorgung mit fossilen Brennstoffen – von Unternehmen unterschiedlich aufgenommen und zum Umbau ihrer internen Problemlösungskapazitäten genutzt wird. Selbst Pleiten als Option sind hiervon nicht ausgeschlossen – und wir können sicher sein, dass es nicht das erste Mal ist, dass Fehleinschätzungen der Außenwelt ein System in den Abgrund treiben. So dramatisch die Konsequenzen für die davon Betroffenen dann auch immer sind und so schwer sich einzelne Spieler einer ganzen Branchendynamik auch entziehen können: Es sind die systeminternen Aktionen, die die Überlebensfähigkeit eines Unternehmens sichern oder gefährden, nie das Außenereignis »an sich«.

Ein System gewinnt seine Identität aus dem Prozessieren der Unterscheidung des Innen und vom Außen – etwas komplizierter ausgedrückt: durch die Wiedereinführung des Unterschieds des Innen und Außen in das jeweilige Innen – und kann dabei einzig auf die ihm zur Verfügung stehenden eigenen Bordmittel zurückgreifen. Was also für das Überleben eines Systems zählt, ist in dieser Perspektive nicht das klassische Spiel von oben und unten, das Muster der hierarchischen Organisationsgestaltung. Im systemtheoretischen Paradigma lautet die zentrale Unterscheidung »Innen/Außen«. Diese Umstellung der Leitdifferenz in der Betrachtung von Systemen ist auch für unsere Überlegungen zum Thema M&A in mehrfacher Hinsicht von Bedeutung.

Wenn die Identität eines Unternehmens ganz konsequent durch eine klaren Grenzziehung hinsichtlich seiner Umwelt definiert wird, so folgt daraus für den Fall der Zusammenlegung von Unternehmen zweierlei: Alle grundlegenden Sicherheiten, die mit der eigenen Identitätsverortung gegeben sind, geraten damit radikal ins Wanken. Die

intendierte Grenzverletzung (»Aus zwei mach eins«) unterläu
ziemlich alle Formen des Rückhalts, die ein System in sich fi
muss, um überlebensfähig zu sein. Das erklärt den Aufruhr, den ein
solcher Eingriff bei den Mitgliedern der beteiligten Systeme auslöst; es
steht nichts Geringeres auf dem Spiel als die grundsätzliche Sicherheit
der Zugehörigkeit zu einer Organisation, die in ihren Grundfesten
erschüttert wurde. Das geht weit über die sich in diesem Zusammenhang natürlich ebenfalls ausbreitenden Fragen nach dem eigenen
Platz bei Doppelbesetzungen von Stellen, multiplen Mitgliedschafts-
regeln und unterschiedlichen Entlohnungspraktiken hinaus. Darüber
hinaus beobachten sich die beteiligten Unternehmen aus ihrer jeweiligen Eigenlogik heraus wechselseitig als Umwelt füreinander – und
zwar nicht nur vor dem berühmt-berüchtigten Day One, d. h. der
offiziellen (formalen) Verkündigung eines Zusammenschlusses, sondern zunächst auch in der Zeit danach. Man kann sich die Irrungen
und Wirrungen interner Zuschreibungspraktiken leicht vorstellen,
wenn man sich vor Augen hält, dass aus der Perspektive einer möglichst großen Synergieabschöpfung vor allem bis dato im scharfen
Wettbewerb zueinander stehende Unternehmen »zusammengelegt«
werden. Wenn das, was bislang durch die Abgrenzung zu einem
immer sich im Blick befindenden Wettbewerber einen stabilen Kern
der Selbstbeschreibung ausgemacht hat, nun von einem Tag auf den
anderen über Bord geworfen werden soll ... was, um Himmels willen,
macht man dann mit dem Feind im eigenen Bett? Die Situation wird
paradox: Angedacht als großartiges Liebesspiel, bei dem letztendlich
prächtige Kinder entstehen, die den eigenen Wohlstand mehren und
Felder erschließen, die für einen selbst so nicht zugänglich waren,
drehen und wenden sich beide Partner auf der Stelle, ohne zueinan-
derfinden zu können; um sich mit dem jeweils anderen zu vereinen,
müsste die eigene Identität aufgegeben werden – aber wer ist man
noch, wenn man seiner selbst nicht mehr sicher sein kann? Es liegt
auf der Hand, dass solche Fragen tendenziell eher zu Migräneanfällen
führen als zu einem genussvollen Miteinander. Die Fragestellungen
reichen hier oft bis tief in die innere Architektur eines vollzogenen
Merger: So werden – oft noch im Nebel der Medikamente, die den
Kopfschmerz lindern sollen – als Folge politischer, nationaler oder
sonstiger Empfindlichkeiten komplizierte Parallelstrukturen instal-
liert, die dann sowohl intern als auch in der Öffentlichkeit konsequent
als das wahrgenommen werden, was sie tatsächlich sind: über den

formalen Zusammenschluss hinaus weitergeführte System-Umwelt-Beziehungen, die durch ihre interne Bearbeitung einen Großteil der Ressourcen binden, die jede Organisation im Sinne ihrer Überlebenssicherung lieber in die Beobachtung ihrer relevanten Umwelten und das Prozessieren der daraus gezogenen Schlüsse investieren sollte.[1] Aus einer systemtheoretischen Perspektive liegt es auf der Hand, dass Fragen nach Identität, Differenz und Grenzen im Merger-Prozess wie kaum anderswo irritieren und dann mit allerlei Kunstgriffen entsprechend abgedunkelt werden müssen, damit zumindest ein Rest von interner Handlungsfähigkeit aufrechterhalten bleibt. Auch wenn der Wettbewerb bei den entsprechenden Ankündigungen eines weiteren Unternehmenszusammenschlusses so manches Mal die Luft anhält, so geschieht es doch in der Regel eher aus Vorfreude über die damit einhergehende Geschäftsgelegenheiten, die zumindest mal zwei Konkurrenten aufgrund der Beschäftigung mit sich selbst nicht mehr zu bedienen in der Lage sind. Die Worte, die in einer Mischung aus Frust und zur Selbstdestruktion neigenden Verzweiflung an den am Telefon wartenden Kunden gerichtet werden, liegen förmlich in der Luft:»Nein, ich kann Ihnen leider im Moment auch nicht sagen, wer hierfür zuständig ist. Ja, ich weiß. Aber wenn Sie mit Ihrer Bestellung noch ein paar Wochen warten könnten, bis wir so weit in der Lage wären ...« Nicht umsonst ist die Sorge des Topmanagements, diesen kritischen Zustand so schnell wie nur irgendwie möglich zu beenden, ein Hauptantrieb für den entschlossenen Tritt auf das Gaspedal. Und schon ist es passiert: herzlich willkommen im Teufelskreis der guten Absichten.

Man kann es drehen und wenden, wie man will: Das zentrale Merger-Thema ist und bleibt die durch den radikalen Wandel der bisher gültigen Handlungsprämissen ausgelöste Irritation der eigenen Identität. Selbst wenn man sich von der klassischen, ontologisch basierten Auffassung von Identität verabschiedet – es sprechen viele Hinweise etwa aus der modernen Netzwerkforschung[2] dafür, das zu tun – und auf einen relationalen, d. h. in situationsabhängigen Beziehungsnetz-

---

1 Ein prominentes Beispiel dafür ist der europäische Flugzeughersteller EADS, dessen deutsch-französische Doppelführung bis in die jüngste Vergangenheit hinein für große organisationale Spannungen gesorgt hat.
2 Siehe etwa die Ausführungen von Harrison White (1992), der den traditionellen Identitätsbegriff vollständig in jeweils wechselnden Kommunikationssettings auflöst, in denen sich Identität situationsbedingt jeweils neu austariert und sich dabei in der wechselseitigen Beobachtung der an diesen Kommunikationen beteiligten Mitspieler bewähren muss.

werken aktualisierungsfähigen Identitätsbegriff umstellt, bleibt die Herausforderung einer halbwegs gesicherten Wiedererkennbarkeit von Eigenwerten bestehen. Die Geschichten, die Organisationen sich selbst und ihren Umwelten erzählen, müssen über eine gewisse Konsistenz verfügen, um glaubhaft den Eindruck zu vermitteln, dass man es immer wieder mit ein und derselben Organisation zu tun hat – auch wenn sich im Prozess des Organisierens (Weick 1995) selbst die jeweils eine oder andere Facette in den Vordergrund schiebt und damit ein verändertes Licht auf die Organisation wirft. Hier helfen dann auch keine Verweise auf die – angesichts der zusehends instabilen Verhältnisse in Wirtschaft und Gesellschaft – immer wieder vehement eingeforderte Wandlungsfähigkeit von Unternehmen. Mit dieser Forderung kann man es halten wie beim guten, alten Radio Eriwan: im Prinzip ja. In der Praxis aber lösen solche Ankündigungen zu Selbstauflösung der eigenen Selbstbeschreibung nach wie vor Überforderung und tiefe Verunsicherung aus. Der »Wandel« erscheint dann allzu oft als gewalttätiger Impuls von außen, mithin als unangemeldete, unverdauliche Störung. Diese Form des Wandels heißt für alle Beteiligten: Alles steht auf dem Spiel, alles steht infrage. Auf den Punkt lässt sich die emotionale Tönung aller Beteiligten in solchen Prozessen durch die Abwandlung des Titels des aktuellen Bestsellers von Richard David Precht (2007) zum Ausdruck bringen: »Wer sind wir – und wenn ja, wie viele?«

Die Konsequenzen aus dieser Einsicht sind zunächst einmal zur Kenntnis zu nehmen: Je stärker dieser radikale Wandel als Bedrohung wahrgenommen wird, desto heftiger regiert die Angst, die sich wiederum in der Hauptsache als unproduktive Lähmung und grassierende Orientierungslosigkeit manifestiert. Wie eine solche Starre überwunden werden kann, wird uns vor dem Hintergrund des noch auszubreitenden Fallbeispiels ausführlicher beschäftigen. Andeuten lässt sich an dieser Stelle jedoch bereits, dass dies nur gelingen kann, wenn der Wandel nicht nur als Tatsache akzeptiert, sondern als konstante Größe in das laufende Geschäft integriert wird. Erst dann wird Wandel nicht gleichbedeutend sein mit dem Verlust der tradierten Selbstbeschreibung, sondern schreibt sich als aktive Spur in die Geschichte der Organisation und ihrer Mitglieder ein.

Abb. 2: Das Merger-Syndrom

Rekursivität als Stabilität im Wandel

Zwei sich zusammenschließende Unternehmen begegnen im Verlauf eines Merger nicht nur dem anderen, Fremden, sondern werden noch einmal und immer wieder »mit sich selbst bekannt gemacht« (Baecker 2003, S. 18). Wir haben gezeigt, dass damit in der Folge vor allem die bislang fraglose Selbstwahrnehmung der beteiligten Systeme relativiert wird. Die spannende Frage, die sich an diesem Punkt unserer Überlegungen stellt, ist die nach einem – zunächst theoretisch zu formulierenden – Ausweg aus diesem Dilemma. Auch hierzu können wir wieder die Systemtheorie befragen, die sich ausführlich mit der Paradoxie der Veränderung (»Nur der bleibt, wer er ist, der sich beständig verändert«) beschäftigt hat. Nimmt man die Prämisse der operationalen Geschlossenheit von Systemen ernst, stellt sich die Frage ja durchaus in einem grundsätzlichen Licht: Wenn ein System immer nur auf sich selbst reagieren kann – wie kommt dann überhaupt etwas Neues in die Welt? Die Frage ist in der Tat nicht so leicht zu beantworten. Ohne an dieser Stelle gänzlich in die systemtheoretischen Tiefen der Funktionsweise von (losen und festen) strukturellen Kopplungen und die Paradoxien von selbstbezüglichen Eigenwerten einzutauchen, seien uns einige Hinweise dazu erlaubt, mit der unsere Fragestellung ein wenig tiefer ausgeleuchtet werden kann.[3]

Mit Blick auf dieses Phänomen – die identitätsgefährdende Dynamik in M&A-Prozessen – lässt sich festhalten, dass eine Dynamik ins Spiel kommt, die auf theoretischer Ebene als ein kontinuierlicher Wechsel von Differenz und Wiederholung beschrieben werden kann.

---

[3]   Der Leser findet entsprechende Vertiefungen mit Fokus auf Organisationen etwa bei Luhmann (2000) und dort vor allem in Kapitel 11, welches von Niklas Luhmann mit der ihm eigenen Ironie als »Die Poesie der Reformen« überschrieben wurde.

Die besondere Pointe in einem solchen Prozess liegt nun darin, dass die Wiederholung »nicht wiederholt«, wie der dänische Philosoph Sören Kierkegaard es einst formulierte. In die Wiederholung ist die Differenz bereits eingeschrieben – das Eigene ist ein anderes geworden. Die Organisation und ihre Mitglieder vollziehen eine Transformation vom Sein zum Werden, von einer statischen zu einer dynamischen Konzeption von Identität, ohne sich dabei jedoch selbst gänzlich abhanden zu kommen. Welchen Reim können wir uns darauf machen?

Aus systemtheoretisch-kybernetischer Sicht stehen uns hierzu die Überlegungen des Theoretikers Heinz von Foerster zur Verfügung, dessen Verdienst es u. a. ist, den Prozess der Selbstveränderung aus einer mathematischen Perspektive beschreibbar gemacht zu haben. Heinz von Foerster hat dafür den Begriff der »Rekursivität« eingeführt, mit dem er die Möglichkeit von Systemen bezeichnet, im Kontext von Wandel und Instabilität in veränderter Weise immer wieder auf sich selbst zurückzukommen:

> »Rekursive Funktionen kombinieren Stabilität um sogenannte Attraktorzustände mit chaotischem Verhalten und legen somit genau das Erscheinungsbild an den Tag, auf das Philosophen mit Sorge und Soziologen mit Gleichmut reagieren«,

umschreibt der Soziologe Dirk Baecker (2007, S. 150) diesen Tatbestand. Was nicht nur den Philosophen, sondern in aller Regel auch den Managern schlaflose Nächte bereitet, kann mit nochmals anderen Worten wie folgt umschrieben werden: Durch den ständigen Abgleich mit den Geschehnissen in seinen relevanten Umwelten entwickelt jedes System mit der Zeit »Eigenwerte«, d. h. ausreichend stabile Erwartungshorizonte, um die herum es seine Beobachtungen und die daraus gezogenen Konsequenzen strukturiert. In diesem koevolutionären Prozess spielt sich eine Art dynamisches Gleichgewicht ein, das einerseits für alle Beteiligten ausreichend stabil ist, damit sie sich nicht permanent mit neuen Herausforderungen herumschlagen müssen, andererseits aber hinreichend dynamisch ist, damit sie mit immer neuen Variationen des Gleichen auf veränderte Umweltbedingungen reagieren können.

Die Produktion dieser Varianten, die stets im Hinblick auf ihre Anschlussfähigkeit bezüglich der Außenwelt durchgerechnet und dann entweder aufgegriffen und weiterbearbeitet (»Change happens!«) – oder eben verworfen werden, geschieht in Form von rekursiven Schleifen, mit denen die Organisation (wie jedes System) ihre Differenz zur Außenwelt prozessiert. Rekursiv sind die Schleifen deswegen, weil sie immer wieder auf die bestehenden Eigenwerte Bezug nehmen (müssen) – jede Veränderung muss quasi durch das Nadelöhr dieser Eigenwerte, die eine Organisation erst zu dem machen, was sie ist. Nur wenn dieser Bezug auf sich selbst gesichert ist, wird in Abhängigkeit zu den relevanten Größen der Umwelt der Eigenwert leicht variiert. Die Organisation bleibt sich selbst treu – und wird doch mit jedem erfolgreich prozessierten Abgleich der Differenz des Innen und Außen eine andere. Ein Abgesang übrigens auf alle romantischen Vorstellungen eines radikalen Wandels, der tiefgreifende Änderungen nach sich ziehen sollte – was auf farbenfrohen Folien meist groß angekündigt wird, entpuppt sich im Fegefeuer der Praxis bestenfalls als Wunschdenken: Ganz so heiß wird der heiß angerührte Brei praktisch nie gegessen. Der Grund hierfür ist weniger der berühmt-berüchtigte Widerstand, der dann gern zur Ehrenrettung aller Beteiligten zitiert wird, sondern es sind die hier beschriebenen komplexen Prozesse der Pflege von Selbstähnlichkeit, ohne die jegliche Zurechenbarkeit interner Operationen (und damit Adressierbarkeit von Erwartungen, mit der die Sicherung der eigenen Überlebensfähigkeit in sich verändernden Kontexten überhaupt gemanagt werden kann) wie Sand in den Händen zerrinnen würde.

Aus dem Munde des Theoretikers Heinz von Förster hört sich der hier beschriebene Sachverhalt wie folgt an: Die von uns ins Spiel gebrachten und im Rahmen von M&A-Prozessen aufs Spiel gesetzten Eigenwerte erzeugen »aufgrund ihrer selbst definierenden (oder selbst erzeugenden) Natur topologische Geschlossenheit (Zirkularität)« (1993, S. 108). Was in solchen zirkulären Wahrnehmungsprozessen vor sich geht, lässt sich am besten vergleichen mit »der Schlange, die sich in den eigenen Schwanz beißt« (ebd.). Jede Organisation produziert durch ihre Arbeit des Organisierens eine Selbstähnlichkeit, die wir mit aller Vorsicht als »eigene Identität« bezeichnen können. Diesem »Prinzip der kognitiven Kontinuität« steht jedoch das »Prinzip der kognitiven Diversität« gegenüber, indem sich in den laufenden zirkulären Prozess der Selbststabilisierung eine Differenz einschleift, die weder »mehr desselben« noch ein komplett anderes erzeugt. In den Worten Heinz von Försters (1993, S. 109; Hervorh. im Orig.):

»Dieses Prinzip besagt, dass das Ganze weder mehr noch weniger ist als die Summe seiner Teile: Das Ganze ist *anders*. Darüber hinaus lässt der Formalismus [...] geringen Zweifel daran, dass er weder von ›Ganz(heit)en‹ noch von ›Teilen‹ spricht, sondern von der Unterscheidung, die ein Subjekt zwischen zwei Sachverhalten trifft, welche von einem (anderen) Beobachter nicht qualitativ, sondern lediglich quantitativ geschieden werden.«

Das meiste dieser voraussetzungsreichen Überlegungen haben wir bereits weiter oben in (hoffentlich) einfacheren Worten zusammengefasst. Was wir aus diesen grundlegenden systemtheoretischen Überlegungen mitnehmen können, ist: Aufgrund der Rekursivität aller Systemoperationen entwickeln (nicht nur Organisationen) stabile Eigenwerte, die sie buchstäblich nur um die Preisgabe ihrer selbst verändern können. Wenn man nicht der naiven Vorstellung aufsitzt, dass Organisationen lediglich plastisch formbares Material in der Hand von (mehr oder weniger) verantwortungsvollen Managern sind, dann muss man in Fusionsprozessen damit rechnen, dass die dort intendierte wechselseitige Durchdringung der bestehenden Eigenwerte aller beteiligten Systeme schon allein aus Gründen des Selbstschutzes unterlaufen werden wird. Wenn in solch einer Situation etwas gelingt soll, das den beteiligten Systemen die Möglichkeit zur weiteren Reproduktion ihrer selbst gibt – und aus welchem anderen Grund sonst ist überhaupt die Idee entstanden zusammenzugehen? –, dann ist das Resultat dieser Bemühungen etwas *anderes*. 1 + 1 ist weder 2 noch 3, sondern: grün. Beide Systeme irritieren sich wechselseitig in ihren rekursiven Eigenbeschreibungen und entwickeln *mit der Zeit* (und dieser Zusatz ist wichtig!) eine neue Variante ihrer selbst. Die Wiederholung wiederholt sich nicht, sondern kehrt verändert zu sich selbst zurück: Man kann bleiben, wie man ist, und ist doch ein anderer.

Auf eine in dem Zitat von Heinz von Förster verborgene, für unseren Zusammenhang jedoch nicht ganz unwichtige Anregung reagieren wir hier nur beiläufig: Es ist der Hinweis auf das Moment der Unterscheidung als springenden Punkt innerhalb all dieser rekursiven Prozesse. Es geht weder um das eine noch um das andere, sondern um die Unterscheidung, die Grenze, die erst die Differenz markiert. Von Foerster spricht nicht zufällig von »diskreten Eigenwerten«, auf deren Basis sich eine neue, andere› Subjekt-Objekt-Relation konstituiert. Zum anderen eröffnen seine wahrnehmungstheoretischen Anmerkungen auch Einblicke in jene Prozesse, die in der so genannten Pre-Merger-Phase von Unternehmenszusammenschlüssen auftreten. Wenn man davon ausgeht, dass nur innerhalb einer Organisation die Wahrnehmung der anderen Organisation entstehen kann, dann liegt darin bereits ein Verweis auf die inneren Bruchlinien und die Verstörung, die dann in der Post-Merger-Phase ausbricht, wenn sich die Organisationen an ihrem jeweiligen Bild vom anderen zu reiben beginnen.[4]

Warum so viele Worte zum Mechanismus der Rekursivität als stabilisierenden Moments von Organisationen? Ganz einfach: weil wir die Auseinandersetzung mit dieser Form der Rekursivität im Kontext von M&A-Prozessen für paradigmatisch halten. So groß die Veränderungen für jede der beteiligten Organisationen auch sein mögen, in den aufgesetzten Fusionsprozessen werden sie nicht ausgelöscht. Sie hören nicht auf zu existieren, auch wenn ihr weiteres Prozessieren anders vonstattengeht als vor dem Merger. Jede seriöse Auseinandersetzung mit den grundlegenden Dynamiken solcher Transformationsprozesse hat dies zur Kenntnis zu nehmen – nach dem Spiel ist vor dem Spiel. Mit diesem wechselseitigen Irritationspotenzial gilt es umzugehen. Darauf zu setzen, dass sich das Kind schon schaukeln wird, zeugt von einer fahrlässigen Unterschätzung der bestehenden Gefährdungspotenziale. Die Auseinandersetzung mit dem Mechanismus der Selbststabilisierung von Systemen durch rekursive Operationen öffnet die Augen für die Größe der Aufgabe und die Wahrscheinlichkeit ihres Gelingens. Wir glauben, dass bei Operationen am offenen Herzen eine gewisse Bescheidenheit gegenüber den eigenen Möglichkeiten nicht unbedingt ein schlechter Ratgeber sein muss.

Offenheit durch Geschlossenheit

Wie bereits zu Beginn unserer Ausführungen zum systemtheoretischen Verständnis von Unternehmenszusammenschlüssen angedeutet, sind Organisationen (wie alle Systeme) operational geschlossen. Nur auf den Ton ihrer eigenen Musik hörend, erzählen sie sich und anderen Geschichten, mit der sie ihre eigene Identität ausflaggen und

---

4 Interessant ist in diesem Zusammenhang auch der Hinweis von Dirk Baecker, dass die Erfolgswahrscheinlichkeit eines Zusammenhalts des Bestehenden vom Gelingen einer »doppelten Schließung« abhängt: »mit einer ersten Schließung auf der operativen Ebene der Anschlussfindung und mit einer zweiten Schließung auf der Ebene der Beobachtung dessen, was in einer Gesellschaft geschieht« (2007, S. 149). Mit Bezug auf Unternehmen heißt dies: Ein wechselseitiger Anschluss auf der pragmatischen Sachebene reicht nicht. Selbst wenn die gemeinsame IT zum Laufen gebracht wurde, entscheidet erst die zweite Schließung – die Beobachtung dessen, was dabei geschieht – über den Erfolg des ganzen Unterfangens.

anschlussfähig halten für koopetitive, d. h. gleichzeitig wettbewerbs-
dienende und kooperative Spiele (vgl. Nalebuff u. Brandenburger
1996). Nicht anders verhält sich der Fall bei dem hier im Mittelpunkt
stehenden Phänomen des Unternehmenszusammenschlusses. Auch
dort wird die Musik intern nach den eigenen Noten komponiert. Wie
immer weitere Außenangebote zur Melodieänderung auch aussehen
mögen: Wir haben gesehen, dass diese Angebote durch das Nadelöhr
bestehender Eigenwerte hindurchprozessiert werden – und dass dabei
zunächst nicht viel Rücksicht genommen wird auf davon abweichende
Deutungsangebote.

Wir haben ebenfalls angedeutet, dass es gerade diese operati-
onale Geschlossenheit ist, die die Voraussetzung für die Offenheit
von Systemen darstellt. So paradox es zunächst klingen mag: Der
organisationale Zusammenhalt eines Unternehmens mündet in die
Formel »Offenheit durch Geschlossenheit«. Sobald wir beginnen, über
Formen von nichttrivialen Zusammenschlüssen von Unternehmen
nachzudenken, ist diese Prämisse die Ausgangsbasis für alle weiteren
Überlegungen in Richtung Grenzmanagement und Vernetzung. In
den Worten von Niklas Luhmann (2000, S. 71 f.):

»Die theoretische Grundlage für die Analyse zunehmender Verflechtungen und wechselseitiger Abhängigkeiten liegt in der These, dass
Offenheit nur auf der Basis von Geschlossenheit möglich ist, denn
Interdependenzen kann es nur geben, wo es Grenzen gibt, die Erwartungen differenzieren und regulieren können.«

Luhmann leitet diese Paradoxie aus der kybernetischen Erkenntnis ab,

»dass ein System zunächst einmal in der Lage sein muss, sich selbst zu
reproduzieren, bevor es Kognition, Gedächtnis, anticipatory reactions
usw. entwickeln kann.«

In der Folge spitzt Luhmann seine Überlegungen zum Paradigma der
»Offenheit durch Geschlossenheit« in einer für unseren Zusammenhang aufschlussreichen Weise zu:

»Wenn irgendwo, dann bewährt sich dieses Prinzip der Öffnung durch
Schließung im Bereich der organisierten Sozialsysteme. Die Opera-
tionsweise ›Kommunikation von Entscheidungen‹ und das ständige
Reproduzieren von Entscheidungsbedarf durch Entscheidungen sichert
dem System eine Art selbst erzeugte Unruhe, also hohe endogene
Irritabilität.«

Bezogen auf Organisationen, die Luhmann hier als besonderen Typ von Sozialsystemen im Blick hat, heißt dies nicht anderes, als dass in den Prozess der Selbststabilisierung einer Organisation bereits Unruhepotenziale eingearbeitet sind, die diese Organisation anschlussfähig machen für diverse Spielarten des Grenzmanagements, mit der nicht sofort die eigene Identität aufs Spiel gesetzt wird.

Luhmann kommt in seinen Ausführungen zur operationalen Schließung in Organisationen in zweifacher Hinsicht auf die Arbeiten von Heinz von Foerster zurück: Zunächst nimmt er dessen Grundgedanken von der Organisation als »nichttrivialer, historischer Maschine« auf. Im Unterschied zu trivialen verfügen nichttriviale Maschinen über eine kontinuierliche Selbstbeobachtung, mittels deren sie »bei all ihren Operationen immer erst den Zustand konsultieren [...], in dem sie sich selbst dank vorheriger eigener Operationen gerade befinden« (Luhmann 2000, S. 73). In einem solchen Vorgang, so Luhmann weiter, konstituieren sich wesentliche Zeithorizonte, nämlich »eine Vergangenheit, die erinnert oder vergessen werden kann, und eine Zukunft, in der das System oszillieren kann«. Die Zeitdimension wird damit zu einem Schlüssel für jenes Wechselspiel von Integration und Differenzierung, das unserer Ansicht nach den zentralen Zugang zum Verstehen von Unternehmenszusammenschlüssen liefert: In die Grundannahme der eigenen zeitlichen Kontinuität muss die Erfahrung der Diskontinuität, Diversität bzw. Differenz *integriert* werden. Nicht unwichtig dabei: »Die operative Schließung verhindert auch, dass das System einzelnen Irritationen zu große Bedeutung beimisst«, schreibt Luhmann (ebd., S. 76) und deutet damit an, inwiefern es nichttrivialen Maschinen überhaupt möglich ist, ihre hohe Binnenkomplexität in eine dauerhaft anschlussfähige Dynamik zu verwandeln.

An dieser Stelle entfaltet sich Luhmanns zweite unmittelbare Referenz auf Heinz von Foerster. Aus den zeitlichen ergeben sich auch räumliche Grenzziehungen, die ebenfalls auf den Modus der operativen Schließung verweisen. Luhmann (ebd., S. 79) zufolge sind Grenzen

> »keine schwer überwindbaren Sperren mehr [...], auch nicht objektiv feststehende Tatbestände wie die Felle oder Federn von Tieren. Sie ergeben sich aus der rekursiven Vernetzung des Systems, also daraus, dass das System selbst erkennen muss, welche vergangenen und welche zukünftigen Operationen als ›eigene‹ zu behandeln sind.«

Wie es aussieht, laufen sowohl die Überlegungen von Heinz von Förster zum dynamischen Gleichgewicht (oder zur stabilen Dynamik) von Systemen via Rekursivität als auch die Anmerkungen von Niklas Luhmann zur Paradoxie der geschlossenen Offenheit von Organisationen auf eine Reformulierung des Begriffs der Grenze hinaus. Da dieser Begriff gerade im Zusammenhang mit Merger-Prozessen von zentraler Bedeutung ist, lohnt auch hier ein theoretisch inspirierter Blick auf dieses Phänomen, das in einem systemtheoretischen Sinn – so viel sei hier schon verraten – wohl nicht als unverrückbar festgeschriebene Demarkationslinie, sondern als aktive Operation und Eigenleistung zu begreifen ist. Was hat es denn nun genauer mit dieser paradoxen Logik der Grenze im organisationalen Kontext auf sich?

Die Grenze als operative Differenzierung

»Der Beobachter der Grenze schmunzelt. Das Schlachtfest der Grenze kann so einfach nicht gefeiert werden. Die Grenze lässt sich nicht ausgrenzen.«

Mit diesen pointierten Sätzen resümiert Jansen (2004, S. 273) jene Diskussion über »Auflösung«, »Verwischung« und »Verflüssigung« von Grenzen, die spätestens in den 90er-Jahren in der Organisations- und Managementtheorie aufgekommen ist; wohl als Reaktion auf die sich abzeichnenden Brüche und Verwerfungen des klassischen hierarchischen Organisationsmodells, das in das Modell einer »fluiden Organisation« (Weber 1996) überführt werden sollte. Angedeutet wird dort auch, dass diese Begrifflichkeiten eine unmittelbare Folge des Aufkommens interorganisationaler Netzwerke darstellen – eine Entwicklung, auf die wir an späterer Stelle noch eingehen werden.

In seinen Überlegungen zur Grenzthematik nimmt Jansen jene Gedanken auf, die Niklas Luhmann in seinem frühen Text *Form und Funktion formaler Organisationen* und später in seinem theoretischen Hauptwerk *Soziale Systeme* entwickelte. Luhmann (1984, S. 52) verweist auf die zentrale theoretische Bedeutung des Grenzbegriffs für die Systemtheorie:

»Systeme haben Grenzen. Das unterscheidet den Systembegriff vom Strukturbegriff. Grenzen sind nicht zu denken ohne ein ›dahinter‹, sie setzen also die Realität des Jenseits und die Möglichkeit des Überschreitens voraus. Sie haben deshalb nach allgemeinem Verständnis die Doppelfunktion der Trennung und Verbindung von System und Umwelt.«

Diese zentrale Prämisse systemtheoretischen Denkens sollte uns mittlerweile bekannt vorkommen: Öffnen durch Schließen – ein buchstäblich grenzwertiger Vorgang, den Luhmann hier mit dem allgemeinen Anspruch des Theoretikers beschreibt.

Für unseren Kontext entscheidend ist sein Hinweis darauf, dass es sich bei Grenzen um keine statischen, unverbundenen Außenposten im Niemandsland zwischen System und Umwelt handelt, sondern um dynamische Vorgänge bzw. Abläufe, obgleich dazu gesagt werden muss, dass diese stets zu einer Art von Formalisierung drängen. Nichtsdestoweniger bezeichnet Luhmann Grenzen als »steigerbare Leistungen« und bringt dabei jenen Begriff ins Spiel, den wir im Rahmen unserer weiteren Argumentation in eine konkrete, zentrale Figur übersetzen werden: die *Ausdifferenzierung*.

»Die Grenzbildung unterbricht das Kontinuieren von Prozessen, die das System mit seiner Umwelt verbinden. Die Steigerung der Grenzleistung besteht in der Vermehrung der Hinsichten, in denen dies geschieht. Die damit erzeugten Diskontinuitäten können durchaus geregelte Diskontinuitäten sein, die einem System die Berechnung seiner Umweltkontakte ermöglichen. Und Beobachter des Systems können auch bei deutlicher Ausdifferenzierung mehr Kontinuitäten zwischen System und Umwelt und mehr durchlaufende Prozesse [...] wahrnehmen, als das System selbst seiner Praxis zugrunde legt« (Luhmann 1984, S. 54 f.).

Wir ahnen, wohin die Reise geht: Die Bedeutung der Grenze fällt in vielschichtiger Weise auf die Organisation selbst zurück. Und wenn wir im Kontext von Unternehmenszusammenschlüssen über Prozesse der Grenzziehung und Grenzverletzung, der Differenzierung und Integration nachdenken, dann verweisen uns all diese theoretischen Überlegungen auf eine Einsicht, die uns überraschende Handlungsoptionen in Aussicht stellt. Organisationen verfügen bereits durch ihrer Existenz über ein vielfältiges Potenzial im Umgang mit Grenzen, sind selbst quasi als Grenzgänger unterwegs, oszillieren zwischen Stabilität und Veränderung, indem sie sich permanent weiter ausdifferenzieren, ohne sich selbst aus dem Blick zu verlieren. Mergers & Acquisitions: ein tägliches Experiment?

Paradoxien der Grenze

»Die Organisation braucht Ausgrenzungen ihrer Umwelt, sonst wird sie im wahrsten Sinne zu einem Auslaufmodell.« Mit diesen Worten bringt Jansen (2004, S. 279) die innere Dynamik der Grenzleistung auf den Punkt. Nicht Verwischung oder Auflösung kennzeichnen also das turbulente Geschehen innerhalb und außerhalb der Organisationen und die Dynamik ihres Wandels, sondern eine radikale Differenzierung in Bezug auf die eigenen Grenzerfahrungen. Jansen (ebd., S. 271 f.) verweist daran anschließend auf die Vielfalt der Binnendifferenzierungen von Organisationen und damit auf unterschiedliche Modi eines bereits (mehr oder weniger) erfolgreich praktizierten Grenzmanagements:

> »War es früher vor allem die Industriespionage, so stehen heute legale Formen der Grenzüberschreitung als Ressource zur Reflexion des Selbstverständlichen in der Diskussion: Outsourcing und Insourcing, Unternehmenskooperationen und Hyperkonkurrenzen, Zulieferermanagement und Customer Integration, Corporate Identity und Kundenorientierung, horizontale bzw. laterale Zusammenarbeit von Abteilungen und Entwicklung im internen Wettbewerb, beobachtbare Chinese Walls bei Beratungs- und Prüfungsdienstleistern und nicht beobachtbare Firewalls bei leicht brennbaren Organisationen, nicht zuletzt die Karriere der Netzwerkformel als generelle Zu- bzw. Beschreibung von Organisationen.«

Allein anhand dieser stichwortartigen Liste von Prozessen des Grenzmanagements und der Binnendifferenzierung wird deutlich, inwiefern gerade in Bezug auf Merger-Abläufe das Grenzmanagement zur »Generalkompetenz« ausgerufen werden muss. Grenzmanagement statt Integration also – im Rückgriff auf die bereits gemachten und verarbeiteten Erfahrungen (im Sinne halbwegs stabiler Erwartungshorizonte) in Unternehmen könnte diese paradigmatische Umfirmierung der Türöffner für einen komplett anderen Zugang zu unserem Thema sein. Sollte die systemtheoretische Analyse der Misserfolgsfaktoren von Unternehmenszusammenschlüssen, die ja den Ausgangspunkt unserer Überlegungen dargestellt hat, uns mit dem Ergebnis konfrontieren, dass es sich hier eher um ein Problem des Zugangs zu diesen Prozessen, des verengten Blicks auf sie handelt? Um ein Missverständnis, freilich eines mit kostspieligen Folgen? Reicht eine Umstellung der Grundprämissen in der Architektur von M&A-Prozessen dafür aus,

aus dem verzweifelt eskalierenden Bemühen um Selbstbehauptung jedes Beteiligten ein entspanntes Umgehen mit den bereits vorhandenen internen Ressourcen der Selbstveränderung zu machen? Statt des Drängens auf Integration die Einladung zur Erinnerung an das eigene Spiel mit Grenzen?

> »Tausendmal berührt, und tausendmal ist nichts passiert ... Tausendundeine Nacht – und es hat ›zoom!‹ gemacht.«

Was Klaus Lage in seinem Lied lakonisch als Überraschungseffekt im Allzubekannten apostrophiert: Wäre das auch eine mögliche Beschreibung der Überraschung, die eine Organisation erlebt, wenn sie der tagtäglich erbrachten eigenen Differenzierungsleistung gewahr wird?

Doch Vorsicht: Was sich hier als mögliche Lösungsoption abzeichnet, wird durch einen weiteren Blick auf eine harte Probe gestellt: Das von uns herausgestellte Grenzmanagement ist dazu angehalten, Paradoxien zu verhandeln. Wenn Grenze die »Einheit der Differenz« (nicht nur) des Innen und Außen ist, wenn sie also gleichzeitig trennt und verbindet, dann wird Grenzmanagement selbst zu einem paradoxen Unterfangen. Eine harte Nuss nicht zuletzt für das Management eines Unternehmens(zusammenschlusses), das ja nicht zuletzt deswegen angetreten ist, um seinen Beitrag zur notwendigen Komplexitätsreduktion via Trivialisierung zu leisten.

Was bis hierher allerdings deutlich geworden sein sollte, ist: Der Begriff der Grenze löst sich im Kontext eines radikalen organisationalen Wandels nicht auf, sondern oszilliert in permanenter Differenzierung zwischen gegensätzlichen Polen. Das Umstellen von Hierarchie auf Netzwerk in den inneren und äußeren Beziehungen der Organisation(en) weist bereits in Richtung jener Prozesse, die sich im Verlauf eines Merger wie unter einem Brennglas oder in einem Zeitraffer vollziehen. Vieles an einem solchen Setting sollte der Organisation aus ihrer eigenen Geschichte und Gegenwart heraus also im Grunde vertraut sein – gut eingespielte und auch im Krisenfall abrufbare Mechanismen der Verbindung von losen mit strikten Kopplungen, flexible und multipel adaptierbare Kommunikations- und Entscheidungsmuster, nicht zuletzt die Fähigkeit, überall und zu jeder Zeit Alternativen zu mobilisieren. Die Netzwerklogik füttert die Organisation mit den notwendigen Erweiterungen des Handlungsspielraums, setzt jedoch auf der anderen Seite ein enormes Potenzial an Unsicherheit frei, das innerhalb der Organisation einzig durch das Treffen von Entscheidungen absorbiert werden kann (zur Paradoxie genau dieser Tätigkeit siehe auch Krusche 2008).

Aus dieser Perspektive verdichtet sich die Rede vom Grenzmanagement als Kernkompetenz zu einer ebenso konkreten wie scheinbar titanenhaften Tätigkeit. Alles unter einen Hut zu bringen, ohne alles über einen Kamm zu scheren – darin besteht die hohe Kunst der Fusion. Entscheidend dabei ist nicht zuletzt das Handling des Faktors »I«: Integration, Zauber- und Unwort gleichzeitig, fatale Schimäre ebenso wie notwendige Dynamik in Fusionszusammenhängen.

Integration: eine Zauberformel?

Wiederum ist es der unbestechliche Blick von Niklas Luhmann, der uns anleitet, die gebotene reflexive Distanz zur »herkömmlichen« Sicht auf Integration aufzugeben und zu einer halt- und brauchbaren Bestimmung dieses Begriffs zu kommen. In Abgrenzung zur üblichen Auffassung, dass Integration Konsens und deshalb gut sei, schlägt Luhmann vor, sie zunächst als wechselseitige Einschränkung der Freiheitsgrade von Systemen aufzufassen. Luhmann bemerkt dazu, dass gerade die »Einschränkung der Komplexität (des autopoietisch Möglichen) Voraussetzung für eine Steigerung von Komplexität« ist, und gibt uns damit eine Formel an die Hand, die den Begriff der Integration im organisationalen Kontext in einem neuen Licht erscheinen lässt.

Der Schlüssel zu einem tieferen Verständnis von Integration liegt in dem unscheinbaren, aber umso wichtigeren Attribut »wechselseitig«. Denn die Umstellung von klassischer Hierarchie auf Netzwerk bringt, wie wir gesehen haben, weder die Grenze noch die Hierarchie selbst zum Verschwinden:

> »Die Hierarchie ist für die Netzwerke wie für die Teams der einzige Anhaltspunkt für die Zurechnung von Entscheidungen. Netzwerke und Teams kommunizieren; Hierarchien handeln«,

schreibt Baecker (1999, S. 192). Gleichzeitig – und das bezeichnet die »Rückseite« des Phänomens – begibt sich die Hierarchie in puncto Kommunikation und Sachhorizont in eine nicht minder große Abhängigkeit gegenüber den Netzwerken und Teams. Das Verhältnis von Hierarchie und Netzwerken bedingt demzufolge permanente wechselseitige Integrationsanforderungen. So wie das Zentrum sämtliche Kommunikationen und Aktivitäten der Peripherie in seine Entscheidungsprozesse integrieren muss, reagieren die Netzwerke unausgesetzt auf die buchstäblich entscheidenden Impulse der Hierarchie. Wenn wir Luhmanns paradigmatische Reduktion des Integrationsbegriffs konsequent weiterdenken, bedeutet Integration für beide Seiten eine fortlaufende Notwendigkeit, die Frage zu entscheiden, ob eine Entscheidung der jeweils anderen Seite angenommen oder abgelehnt wird.

Ohne dass an dieser Stelle der gesamte Diskurs über die organisationalen Implikationen des luhmannschen Integrationsparadigmas entfaltet würde, erscheint für den Kontext unserer Überlegungen – nicht zuletzt im Hinblick auf unsere zentrale These einer notwendigen Integration durch Differenzierung – die Möglichkeit besonders verlockend, ein Denkwerkzeug in die Hand zu bekommen, mit dem vor allem die Praxis der Integrationsprozesse in M&A-Verfahren entsprechend umgerechnet werden kann. Ein Feld, auf das wir uns im zweiten Teil dieses Buches begeben werden.

Was nämlich in der Theorie so präzise und nachvollziehbar beschrieben werden kann, erzeugt in der Praxis systematische wie unreflektierte Vernebelungen: Wer Integration als nachvollziehende Implementierung von am Reißbrett abgesegneten Planungen missversteht, wird jene Abstoßungs- und Blockadereaktionen ernten, deren theoretischem Hintergrund wir uns im Folgenden noch widmen wollen. Integration ist ein wechselseitiger Prozess – auch und gerade in Merger-Verläufen –, kein Fertigprodukt, das man der sich wandelnden Organisation in homöopathischen Dosen verabreicht.

Wer integriert, schließt konsequenterweise auch aus. Neue innere und äußere Grenzen werden festgelegt und ziehen wiederum neuen Integrationsbedarf nach sich. Wie man sieht, läuft eine solche Dynamik auf eine Auflösung zeitlicher Linearität bzw. einfacher Kausalität hinaus:»Denn alles, was geschieht, geschieht gleichzeitig«, bemerkt Luhmann (1997, S. 605) im Hinblick auf die Bedingungen für Integration bzw. Desintegration.»Im Pulsieren der Ereignisse integrieren und desintegrieren die Systeme sich von Augenblick zu Augenblick.« Nichts liegt näher, als den Merger-Prozess in diesem Sinn als geradezu klassisches Exempel einer solchen Gleichzeitigkeit zu analysieren.

Und daraus folgt auch die Notwendigkeit einer genauen Bestimmung jenes pulsierenden Pendels von Integration und Desintegration, welches sich in dieser Gleichzeitigkeit formiert und die aufeinander zusteuernden Organisationen oft überfordert und ratlos macht.

Je mehr es allerdings gelingt, die innere Logik dieser Zusammenhänge zu begreifen, desto größer die Chance, dass es zu einer überlebenssichernden Form von Integration auf der Metaebene kommt: Denn nur wenn es gelingt, die Desintegration zu integrieren, besteht Aussicht darauf, organisationale Selbstblockaden, wie sie in Fusionsprozessen an der Tagesordnung sind, dauerhaft zu überwinden.

Kultur als Erfolgsfaktor?

Ähnlich verhängnisvolle Missverständnisse wie im Fall der Integration tauchen bei Merger-Prozessen gehäuft auch in Bezug auf den Begriff der Kultur auf. Während Integration generell als zu einseitig positiv aufgefasst wird, schaltet sich im Zusammenhang mit Kultur meist automatisch die Alarmvokabel »Problem« ein. Harmlose Geschäftsessen können sich da zu mittleren Resonanzkatastrophen auswachsen und haben mittlerweile eine ganze Beratungsindustrie à la »How to deal with different cultures in fifteen minutes« hervorgebracht. Ganz abgesehen von der gesamtgesellschaftlich angefachten Debatte über den *clash of civilizations*, der diesseits wie jenseits des Atlantiks eine kaum noch für möglich gehaltene Rückbesinnung auf archaische Reflexe der Rudelbildung nach sich gezogen hat.

Um aus dieser hartnäckigen Spirale gegenseitiger Projektionen auszubrechen, braucht es mehr als guten Willen und ein wenig Globalisierungseuphorie. Denn Kultur stellt sich bei seriöser Betrachtung in allen Belangen als nichttriviale Angelegenheit dar: Niklas Luhmann (2005) definiert sie in seiner Gesellschaftstheorie als »Gleichzeitigkeit des Ungleichzeitigen« und legt damit bereits eine erste Verbindung zum Integrationsbegriff. War weiter oben schon die Rede davon, dass in komplexen Vorgängen alles gleichzeitig geschieht, so sehen wir uns nun mit den soziokulturellen Konsequenzen dieses Umstandes konfrontiert:

> »Der Kulturbegriff ist die Reflexion auf die Eigenart eines regionalen Entwicklungsstandes im Vergleich zur Geschichte oder im Vergleich zu ungleichzeitigen, noch in älteren Phasen befindlichen Gesellschaften auf dem Erdball« (Luhmann 2005, S. 186).

Eine solche Definition macht Kultur anschaulich – um dem Begriff gleich im nächsten Augenblick den Boden unter den Füßen wieder wegzuziehen. Die Selbstverständlichkeit der eigenen Verhaltensweisen, Gebräuche, Gewohnheiten und Traditionen wird durch das andere infrage gestellt. Nicht nur das andere ist uns fremd; in der Begegnung mit ihm stößt auch das Eigene auf die ihm buchstäblich eigene Fremdheit. Was im geschlossenen Kontext keiner Erklärung bedarf, weil die Routinen über einen langen Prozess der Identitätsfindung hinweg perfekt eingespielt sind, beginnt sich durch die Berührung mit einem anderen, fremden System automatisch zu relativieren. Was daran dann allerdings tatsächlich so kritisch sein soll – diese Frage bleibt dabei zunächst einmal unbeantwortet.

Klar ist nur, welch verhängnisvolle Kapriolen geschlagen wurden und immer noch werden bei dem Versuch, den Kulturbegriff leicht bekömmlich in den Organisations- bzw. Managementdiskurs einzuspeisen. Bis zur Wahl der Espressomaschine für das Büro ist dann gleich alles »Kultur« und soll wohl der Identitätsstiftung dienen, wenn andere Ebenen der Selbstvergewisserung ausfallen. Mit dem Traumdeuter Sigmund Freud gesprochen, entpuppt sich der Begriff der »Unternehmenskultur« bzw. die Rede von »kulturellen Barrieren« zwischen zwei Unternehmen als Verschiebung. So wie wir im Traum dazu neigen, die Bedeutung einer Sache auf eine andere zu verschieben und sie dadurch dermaßen zu verschlüsseln, dass sie unserem bewussten Zugriff entzogen ist, scheint das Wort »Kultur« immer dann aufzutauchen, wenn man den Mut nicht aufbringt, über die eigentlichen Probleme zu reden. Das leitet nicht nur gefährliche Verdrängungsprozesse ein, sondern verstellt auch den Blick dafür, wo und wie kulturell bedingte Phänomene in Fusionsprozessen tatsächlich eine Rolle spielen. Ihre seriöse Bearbeitung erscheint unter solchen Voraussetzungen tendenziell unmöglich. Insofern ist es verbindlicher und zielführender, den Kulturbegriff so nüchtern wie möglich zu belassen und sich zu vergegenwärtigen, auf welchen Ebenen die von Luhmann beschriebene Gleichzeitigkeit des Ungleichzeitigen im Fusionskontext schlagend wird.

Diese Fragestellung müssen wir nicht zuletzt deshalb im Auge behalten, weil sie unsere Überlegungen einerseits an die gesamtgesellschaftliche Diskussion rückbindet und andererseits das im Folgenden skizzierte Modell der Kulturberührung erst dadurch seine praktische wie theoretische Bedeutung entfalten kann.

Halten wir für unsere Zwecke fest, dass im Moment der Kulturberührung, deren konkrete Formen und Bedingungen wir im Anschluss noch genauer kennenlernen werden, ein Prozess einsetzt, den man diskurstheoretisch als (Auto-)Dekonstruktion bezeichnen kann. Was ein wenig nach unheilbarer Krankheit bzw. nicht aufzuhaltendem Verfall klingt, vollzieht sich in Wirklichkeit tagtäglich an allen Ecken und Enden unseres Alltags. Der von uns eingeführte Begriff der operationalen Geschlossenheit mag Gegenteiliges nahelegen: Innerhalb der Grenzen des Systems herrscht jedoch, wie wir nun bereits mehrfach angedeutet haben, kein Stillstand, sondern kontinuierlicher Wandel, sprich: Differenzierung in Bezug auf die funktionalen, operationalen und stratifikatorischen Ebenen. Ähnlich wie die großen transzendenten Identitätsstiftungen namens Religion und Ideologie, ist auch die Kultur einer solchen umfassenden Dekonstruktion ausgesetzt.

»Entzweiung, Differenz, Mangel an Einheit, Zerstörung aller kanonischen Sicherheiten: Das war bereits das Lamento des neunzehnten Jahrhunderts, und heute sind wir lediglich intellektuell besser gerüstet, das alles als unvermeidlich zu akzeptieren. *Dekonstruktion* scheint schließlich das Schlüsselwort zu sein, mit dem uns suggeriert wird, dies sei etwas, was wir tun könnten«,

führt Niklas Luhmann (2001, S. 291; Hervorh. im Orig.) seine Überlegungen zur Dekonstruktion aus und formuliert damit die paradoxe Grundspannung einer Gesellschaft, die damit umzugehen gelernt hat, sich permanent selbst infrage zu stellen, ohne sich dabei vollständig aufzulösen. Wenn ein Gutteil dieser Haltung auch in die Gestaltung und Begleitung von Mergers & Acquisitions implementiert werden kann, dann ist – wie wir sehen werden – schon viel gewonnen.

Fusion, Kulturberührung und Schismogenese

Neben dem paradigmatischen Schwenk von identitätsgefährdender Integration hin zu paradoxem Grenzmanagement ist uns bei unserer Arbeit eine weitere Theorieressource ans Herz gewachsen, die unseren Blick auf die bei Unternehmenszusammenschlüssen ablaufenden Dynamiken nachhaltig beeinflusst hat. Bevor wir uns dem konkreten Fallbeispiel zuwenden, wollen wir im Folgenden diese Denkfigur nachzeichnen, um so aus einer nochmals unterschiedenen Perspektive das Verständnis von M&A-Prozessen zu vertiefen. Bis hierin ausgestattet mit den systemtheoretischen Erkenntnissen zum Wechselspiel von Integration und Differenzierung und einer kritischen Perspektive auf einen munter grassierenden Kulturbegriff, werden wir nun einen ethnologisch inspirierten Blick auf Merger-Prozesse werfen, indem wir sie als Kulturberührung(en) begreifen.

Unsere Überlegungen nehmen ihren Ausgang bei einem Wissenschaftler, der in seinem Willen zur Transdisziplinarität gleichsam ein Rollenmodell für die Erforschung und systematische Ergründung der gegenwärtig immer komplexer werdenden ökonomischen, ökologischen und sozialen Zusammenhänge abgibt. Den Briten Gregory Bateson (1904–1980) einen Ethnologen zu nennen stellt eine unzulässige Verengung der Bandbreite seiner Forschungsgebiete dar, die Psychologie, Biologie, Kybernetik, Soziologie und Kunst umfassen. Er gilt als Erfinder des Begriffes des *double bind*:

> »Folge und Ausdruck einer zwischenmenschlichen Verstrickung, die durch eine widersprüchliche – aber in ihrer Widersprüchlichkeit schwer durchschaubare – Kommunikation ermöglicht wird« (Bateson 1985, S. 7).

Sowohl auf sozialer als auch auf individueller Ebene entwickelt Bateson ein besonderes Interesse für Prozesse der Spaltung, der Blockade und der Abschließung, wie sie in »kumulativen Interaktionen« ablaufen. Ein Begriff, der wie geschaffen scheint, um M&A-Abläufe zu charakterisieren: Zwei voneinander unabhängige Systeme bewegen sich aufeinander zu und fordern sich buchstäblich so heraus, dass zwischen ihnen eine spezifische Art von Erregung entsteht. Wie kaum ein anderer Theoretiker versteht es Bateson, verschiedenartigste Phänomene (von der Liebe bis zum »totalen Krieg«) zu einem Gesamtbild zu verknüpfen, ohne den Blick für das jeweils Besondere einer bestimmten Situation zu verlieren. »Kontext« und »Bedeutung« werden denn auch zu Schlüsselbegriffen in seinen vielfältigen Arbeiten: Entscheidend für die Bestimmung eines dynamischen Prozesses sind Bateson (ebd., S. 17 f.) zufolge der konkrete Rahmen einer Interaktion und ihre (Langzeit-)Wirkungen.

Zweifellos markiert jene ethnologische Feldforschung in Südostasien, die er bereits in den 1920ern aufnahm, den entscheidenden Ausgangspunkt seiner wissenschaftlichen Karriere. Die Berührung mit Traditionen, Riten, Verhaltensmustern und sozialen Strukturen, die so vollkommen anders funktionieren als die, die er kannte, stellt für den jungen Anthropologen eine fundamentale Provokation seines Erkenntnishorizonts dar. Aus der Beobachtung des gesellschaftlichen Systems auf Bali – und angefacht durch die politische Debatte zur Rolle der Ethnologie im kolonialen Kontext – erwächst ihm jene theoretische Fragestellung, die zum Ausgangspunkt weitläufiger Reflexionen in unterschiedlichste Disziplinen und Felder hinein wird: *Was passiert, wenn Kulturen sich berühren?*

Er stößt sich an der bis dahin üblichen rein funktionalen Klassifizierung von Kulturen in der Wissenschaft. Unter Hinweis auf den berühmten Ethnologen Bronislaw Malinowski stellt Bateson (1985, S. 101 f.) demgegenüber fest, dass

> »fast das Ganze einer Kultur auf verschiedene Weisen als ein Mechanismus angesehen werden kann, um die sexuellen Bedürfnisse der Individuen zu modifizieren und zu befriedigen oder die Verhaltensnormen zu verstärken oder um die Individuen mit Nahrung zu versorgen«.

Was aber für die Kultur im statischen Zustand gilt, so Bateson, lässt darauf schließen, dass es auch für Prozesse der Kulturberührung und der Veränderung »simultane Ursachen von ökonomischer, struktureller, sexueller und religiöser Natur gibt«.

Inwiefern sexuelle oder religiöse Komponenten bei M&A-Prozessen eine Rolle spielen, wollen wir einstweilen dahingestellt lassen. Überträgt man das hier Beschriebene jedoch in einem allgemeineren Sinn auf solche Prozesse, sollte deutlich werden, dass bereits Batesons Ausgangsüberlegungen wertvolle Hinweise auf merger-spezifische Dynamiken liefern. Er schlägt vor, den Begriff der Kulturberührung nicht nur auf »die Berührung zwischen zwei Gemeinwesen mit verschiedenen Kulturen« anzuwenden, sondern auch auf solche Fälle,

> »die innerhalb einer einzigen Gemeinschaft auftreten [...] zwischen den Geschlechtern, zwischen Alt und Jung, zwischen Aristokratie und Proletariat, zwischen Clans usw., Gruppen, die in annäherndem Gleichgewicht miteinander leben« (Bateson 1985, S. 103).

Damit wird klar, dass eine Kultur – und sei sie nach außen scheinbar noch so homogen – in Batesons Perspektive unweigerlich von Differenzierungen bestimmt ist. Auf den Organisationsdiskurs übertragen, bedeutet das nichts anderes, als dass auch in dieser Perspektive der Organisation als Einheit die Erfahrung der Differenz immer schon eingeschrieben ist. Wichtig erscheint auch der an dieser Stelle zum ersten Mal auftauchende Begriff des Gleichgewichts, zumal darin bereits eine Vorahnung auftaucht, dass genau dieses Gleichgewicht durch jede Art von Berührung empfindlich gestört werden kann.

Verschmelzung, Vernichtung, Fortbestand

Für den Theoretiker Bateson liegt es nahe, den Prozess der Kulturberührung zunächst von seinem Ende her anzusehen, von dem Punkt aus also, an dem sich wiederum eine Art von grundlegender, also beschreibbarer Stabilität abzeichnet. Er legt folgende drei Muster für den Ausgang eines solchen Prozesses fest:

- vollständige Verschmelzung der ursprünglich unterschiedlichen Gruppen
- Eliminierung einer der beiden Gruppen
- Fortbestehen beider Gruppen in dynamischem Gleichgewicht innerhalb einer größeren Gemeinschaft.

Vom heutigen Standpunkt aus betrachtet, erscheint es beinahe unheimlich, wie es dazu kommen konnte, dass ein junger Ethnologe in den 1930er-Jahren in einem wenige Seiten umfassenden Essay gleichsam die Blaupause für die grundlegenden Szenarien von Unternehmenszusammenschlüssen skizziert. Wie man es auch dreht und wendet: Wir kennen kaum eine Fusion, die sich nicht als eine mehr oder minder klare Variationen der hier festgelegten Hauptformen ausnimmt. Wem würde nicht aus dem Stand zumindest ein Beispiel zu jedem der drei Muster einfallen?

Nimmt man den pragmatischen Ausgangspunkt von Gregory Batesons Überlegungen auf, die Überlegung nämlich, welche Erkenntnisse für die konkrete Gestaltung von Kulturberührungen auf der Basis dieser theoretischen Einsichten gewonnen werden können, stellt sich uns die Frage, ob es einen Zusammenhang zwischen den Formen und den Erfolgs- bzw. Überlebensaussichten gibt. Mit anderen Worten: Zeichnet sich eine privilegierte Form der Kulturberührung unter diesen dreien ab? Enthält eine der drei Formen a priori ein höheres Problempotenzial als die anderen?

Will man diese Fragen auch für unseren Kontext beantworten, ist es sinnvoll, die Beschreibungen zu konkretisieren, die sich hinter diesen drei grundlegenden Formen von Kulturberührung(en) verbergen. Auch dafür liefern uns Batesons Gedanken reichlich Material. Im Falle der *vollständigen Verschmelzung* interessieren in unserem Zusammenhang vor allem die Aspekte der »inneren Logik einer Kultur« und die darin sich manifestierende weitgehende Unterscheidung von anderen Kulturen. Bateson hält diesbezüglich den hohen Grad an Standardisierung fest, der sich in den Verhaltens- und Denkmustern der Individuen zeigt. Übertragen auf den Merger-Kontext, lässt sich nun fragen, inwiefern eine vollständige Verschmelzung als Ziel überhaupt sinnvoll erscheint. Angesichts dessen, was wir weiter oben an Erkenntnissen über die innere Notwendigkeit von Differenzierung gesammelt haben, muss uns die Formel einer vollständigen Verschmelzung verdächtig erscheinen. Bateson selbst schränkt denn auch die Beständigkeit einer solchen Konstellation auf Gemeinschaften, »die in einem Zustand annähernden Gleichgewichts« leben, ein. Im Kontext turbulenter Umwelten und komplexer Dynamiken nimmt sich die Perspektive einer solchen Verschmelzung als völlige Randerscheinung aus. Das Wunschbild eines friktions- und reibungsfreien Zusammenwachsens ist eher in der Gefahr, sich in ein Trugbild zu verwandeln, mithilfe dessen die innere und äußere Dynamik überspielt und damit ausgeblendet werden.

Als »Verschmelzung ex negativo« erscheint demzufolge die zweite Form der Kulturberührung: die *Eliminierung einer der beider Gruppen*. Was Bateson (1985, S. 106) aus seiner anthropologischen Perspektive mit einem Endergebnis gleichsetzt, dessen Studium »kaum die Mühe lohnt«, erscheint im M&A-Kontext als Synonym der berüchtigten feindlichen Übernahme. Bateson selbst relativiert seine eigene Verweigerung, über diese Form der Kulturberührung weiter nachzudenken, indem er ausführt:

> »[...] wir sollten zumindest alles verfügbare Material studieren, um zu bestimmen, welche Art von Auswirkungen eine solche feindliche Aktivität auf die Kultur der Überlebenden hat. Es könnte zum Beispiel sein, dass die mit der Eliminierung anderer Gruppen verbundenen Verhaltensmuster so in deren Kultur assimiliert werden, dass sie gezwungen sind, immer mehr zu eliminieren.«

Dieser Einwurf ist nicht nur hellsichtig in Bezug auf die Dynamik gesellschaftlich organisierter Gewalt (Krieg, Pogrom, Genozid), sondern hat uns auch hinsichtlich der oben bereits erwähnten »feindlichen Übernahme« eine Menge zu sagen. Nicht nur Gesellschaften verfügen nämlich über eine Art »kollektives Gedächtnis«, dem die Notwendigkeit zur kontinuierlichen Aufarbeitung relevanter Ereignisse eingeschrieben ist, sondern auch Organisationen. Analog zur »vollständigen Verschmelzung«, die durch Standardisierung der inneren Logik charakterisiert ist, herrscht angesichts der Eliminierung eine nicht weniger »logische« Verstörung, deren destruktive Dynamik Bateson folgerichtig mit dem Begriff der Assimilierung benennt. Hier anknüpfend, wäre zu ergründen, in welcher Form sich solche Muster bei *hostile overtakes* festschreiben und im Gedächtnis der Organisation dann so eingeschrieben sind, dass schließlich das Ganze daran zerbricht. Mit anderen Worten: Der Preis für die vollständige Eliminierung eines Gegenübers könnte eine Selbstdestruktion auf Raten sein – das, was im Hinblick auf ein Außen exekutiert wurde, entfaltet möglicherweise auch nach innen seine eigene unheilvolle Logik.

Symmetrische und komplementäre Differenzierung

Kommen wir nun zur dritten von Bateson benannten Form der Kulturberührung, dem *Fortbestehen beider Gruppen in einem dynamischen Gleichgewicht*: Der Ethnologe ortet darin »das lehrreichste der möglichen Endergebnisse von Berührung«, und auch hier sollte uns die Begründung dafür insbesondere im Kontext von Unternehmenszusammenschlüssen hellhörig machen:

> »[...] da die im dynamischen Gleichgewicht wirkenden Faktoren dazu neigen, mit denjenigen, die im Ungleichgewicht auf kulturelle Veränderungen hinwirken, identisch oder analog zu sein« (Bateson 1985, S. 106 f.).

In dieser Analogie steckt in gewisser Weise der Kern der von uns für die Begleitung von Unternehmenszusammenschlüssen propagierten Denkfigur. Dem Gleichgewicht, so Bateson, ist ein Prozess der Veränderung eingeschrieben, der sich seinem Wesen nach als *Differenzierung* zu erkennen gibt. Die Querverweise auf die systemtheoretischen Überlegungen zum Grenzmanagement von Systemen sind selbstredend. Und es wird deutlich, inwiefern der Prozess der Differenzierung an keinem Punkt an sein Ende gelangt. Dabei beschränkt Bateson die Möglichkeiten der Differenzierung von Gruppen methodisch auf zwei Hauptkategorien:

- die symmetrische Differenzierung auf Augenhöhe
- die komplementäre Differenzierung. in gleiche Verhältnisse

Als Beispiele für symmetrische Differenzierung nennt Bateson Clans, Dörfer oder auch Nationen. Komplementäre Differenzierungen findet man in Form von sozialen Klassen, Schichten, Kasten oder Altersstufen.

>»Diese beiden Typen der Differenzierung enthalten dynamische Elemente, dergestalt, dass die Differenzierung oder Spaltung zwischen den Gruppen zunehmend entweder bis zum Zusammenbruch oder bis zu einem neuen Gleichgewicht fortschreitet, wenn gewisse einschränkende Faktoren wegfallen«,

merkt Bateson (ebd., S. 107) an und skizziert damit jene dynamischen Grundmuster, die uns in unseren konkreten Beobachtungen und Ausführungen zum Merger wieder und wieder begegnen werden. Bemerkenswert ist die feine Unterscheidung zwischen Spaltung und Differenzierung, die in dieser Formulierung zwar noch nicht durchargumentiert, bereits aber angelegt ist. Bateson legt nahe, dass beide Entwicklungen zwei Seiten einer Medaille von Veränderung darstellen.

Welcher Art sind nun die Verhaltensmuster bzw. Kommunikationsformen, anhand deren sich symmetrische und komplementäre Differenzierung voneinander unterscheiden? Grob gesagt, begegnen sich Gruppen im ersteren Fall sozusagen auf Augenhöhe, während man im zweiten Fall von ungleichen Verhältnissen sprechen muss. Mit anderen Worten: Clans bzw. Nationen stehen sich in Konkurrenz und Rivalität gegenüber, während Klassen oder Schichten sich voneinander in Form von Hierarchien differenzieren. In beiden Fällen kann es zu dem kommen, was Bateson eine »progressive Schismogenese« (1985, S. 108) nennt: eine irreversible Spaltung,

>»ein(en) Prozess, der nur zu immer extremerer Rivalität und letzten Endes zu Feindschaft und zum Zusammenbruch des ganzen Systems führt, wenn er nicht eingeschränkt wird«.

Als ob das nicht schon Stoff genug für gründliche Merger-Analysen abgäbe, führt Bateson noch einen weiteren Differenzierungstyp an, der seinen Worten zufolge die Dichotomie symmetrisch/komplementär

»verwischt«: die *reziproke Differenzierung.* Hierbei handelt es sich um deutlich losere Verhaltensmuster, die erst über eine entsprechende Häufung entweder symmetrisch oder komplementär werden. Den wesentlichen Unterschied zu den beiden anderen Formen definiert Bateson (ebd., S. 109) folgendermaßen: »Das reziproke Muster [...] wird innerhalb seiner selbst kompensiert und ausgeglichen und tendiert daher nicht zur Schismogenese.« Verschiedene Indizien deuten hier darauf hin, dass sich in der dieser Form der Reziprozität eine relationale Qualität manifestiert, die uns in Netzwerken weitaus häufiger begegnet als in der »klassischen« Organisation. Insofern gilt es, auch diesen Differenzierungstyp im Auge zu behalten. Möglicherweise liegt auch hier *ein* Schlüssel zur kontinuierlichen Bearbeitung von organisationalen (Selbst-)Blockaden.

Dynamische Gleichgewichte

Am Ende unserer konzeptionellen Überlegungen kehren wir noch einmal zum oben bereits eingeführten Zustand des Fließgleichgewichts zurück. In Batesons ethnologischen Texten findet sich – aufbauend auf dem Material seiner Beobachtungen – im Anschluss an die Ausführungen zu symmetrischer und komplementärer Differenzierung eine bemerkenswerte Unterscheidung, deren Tragweite wir noch nicht genügend gewürdigt haben: Bateson stellt fest, dass die traditionelle Gesellschaft Balis weitgehend frei von schismogenetischen Prozessen ist. Der Grund liegt laut Bateson (1985, S. 166) darin, »dass diese Tendenzen zu kumulativer Interaktion einer Art Modifikation, Entkonditionierung oder Hemmung ausgesetzt sind«. Durch bestimmte Erfahrungen in der Kindheit lernen die Balinesen, darauf zu verzichten, »nach Höhepunkten in der menschlichen Interaktion zu streben« (ebd., S. 181). Den Zustand, den eine solche Gesellschaft anzustreben versucht, bezeichnet Bateson unter Bezugnahme auf den Physiker Ludwig von Bertalanffy als »dynamisches Gleichgewicht«. Darin entdeckt er ein lebensfähiges Modell für das gleichberechtigte Fortbestehen zweier Gruppen, wenn, wie er formuliert, »die Möglichkeiten der Schismogenese angemessen kompensiert oder gegeneinander ausgewogen werden können« (ebd., S. 113).

Dafür ist es zunächst entscheidend, die in der Kulturberührung aufgeworfenen Spaltungen und Blockademechanismen reflexiv einzuholen: Gerade nach der Euphorie eines Day One in Fusionsprozessen braucht es ein *mapping* der Bruchlinien, eine transparente Landkarte der Berührungsdynamik und ihrer tektonischen Auswirkungen auf die innere Architektur des Merger. Und in einem solchen Prozess wird man feststellen, dass der Begriff der Dynamik kein leeres Gerede ist: Zwischen den beiden Kulturen ereignen sich Verschiebungen und Verdichtungen, die es zuweilen unmöglich erscheinen lassen, das Gefüge eindeutig festzuschreiben. Der versierteste Kapitän wird schwitzende Hände bekommen, wenn er plötzlich nicht mehr nur für den eigenen, sondern auch für den Kurs des Schwesternschiffes verantwortlich zeichnet.

Im Gegensatz zu einem statischen wird ein dynamisches Gleichgewicht zwischen zwei Gruppen nach erfolgter Kulturberührung niemals zu einem Stillstand kommen. Die an allen Ecken und Enden auftauchenden schismogenetischen Blockaden lösen sich auch nicht durch hartnäckiges Ignorieren. Wie Gesellschaften damit umgehen, ist eine Angelegenheit der politischen Willensbildung. Der deutlich übersichtlichere Rahmen eines Zusammenschlusses zweier Unternehmen setzt in seinem Verlauf durchaus vergleichbare Prozesse in Gang, kann und muss jedoch auf die in seiner eigenen Verfügungsgewalt stehenden Ressourcen und Angebote zurückgreifen. Eine Beratung im Sinne der Beobachtung zweiter Ordnung stiftet an dieser Stelle insofern Mehrwert, als sie jene »Tore zur Welt« wieder öffnen kann, die durch blindes Miteinanderagieren und die Leerläufe der Nabelschau blockiert sind.

Bateson reloaded

Wie kann nun eine Übersetzung dieser Kategorien in die (post)moderne Zeit eines Marktes für Unternehmen aussehen? Und weiter sogar: Welche Einsichten birgt die dadurch geschärfte Sensibilität für das Konfliktpotenzial von Fusionsprozessen in Zeiten von Handelskriegen, symbolischen Gefechten und einer immer stärker um sich greifenden Renationalisierung auch der Ökonomie, wie sie sich etwa in der aktuelle Debatte über die Verfügbarkeit von Rohstoffen niederschlägt? Die folgenden Überlegungen zeigen erste Möglichkeiten der Fortführung dieser Argumentation mit Blick auf die Fragen, die uns im Rahmen von Mergers & Acquisitions, präziser: bei ihrem Scheitern beschäftigen.

Zugespitzt auf die Problematik von Fusionsprozessen, lassen sich die Überlegungen zur Schismogenese von Systemen ganz konsequent auf die Konfliktdynamik symmetrischer Eskalationen im Falle einer

»Kulturberührung« übersetzen. Je stärker der Zwang zur Integration, desto höher das Risiko von »Immunreaktionen« der beteiligten Parteien. Wird eine Auflösung von identitätstiftenden Grenzen forciert, tendieren Systeme – Unternehmen – dazu, stärker auf ihre Eigenheiten zu achten, sie zu betonen und sie gegen den beteiligten Partner in Stellung zu bringen. »Wenn ihr uns zwingt, so zu werden wie die«, so könnte man pointiert zusammenfassen, »dann legen wir besonderen Wert darauf, so zu sein, wie wir uns das vorstellen.« Treffender kann man die Paradoxie jedweder Integrationsbemühungen nicht auf den Punkt bringen: Je stärker mit dem Konzept einer Zusammenlegung gearbeitet wird, desto höher ist die Wahrscheinlichkeit einer (eskalierenden) Differenzierung. Dabei ist insbesondere bei dem sogenannten *merger of equals*, d. h. dem Zusammenschluss gleich »starker« Partner, das Risiko besonders hoch, in eine selbstzerstörerische Konfliktdynamik zu geraten.

Im Hinblick auf die konsequent auf Integration getrimmten Prozesse einer Post-Merger-Integration wird schnell deutlich, dass hier der Teufel mit dem Beelzebub ausgetrieben werden soll. Statt dass die Berührungsflächen der Begegnung vermehrt würden, führt allein schon die Programmatik der Absicht zu ihrem Gegenteil. Was für die externe Begleitung solcher Dynamiken noch halbwegs mit Argumenten versehen werden kann – schließlich verdient man ja an der selbst (zumindest mit) induzierten Krise –, stellt sich für das unter Beobachtung mächtiger Anteilseigner oder abstrakter Kapitalmärkte stehende Management als eine gefährliche Zwickmühle heraus. Je stärker der Druck ist, zu möglichst raschen Ergebnissen zu gelangen (auf dem Programm stand ja schließlich nicht umsonst das Stück »Value Capturing«), desto größer die Verführung, eine (Synergien versprechende) Integration beider Unternehmen zu erzwingen. Gleichzeitig sinkt mit zunehmendem Druck die Wahrscheinlichkeit, das Ziel zu erreichen – was den Druck weiter erhöht. Welche (selbstzerstörerische) Dynamik in der Folge dieser wechselseitig sich verstärkenden Eskalation steckt, zeigen die vielen spektakulär gescheiterten Fusionen etwa der Automobilbranche – diese Entwicklung lenkt auch den Blick auf eine mögliche Lesart der Schwierigkeiten, die uns in unserem konkreten Fallbeispiel begegnet sind.

Jenseits aller brancheninternen Schwierigkeiten von Überkapazitäten und den damit verbundenen Preiskämpfen bis hin zu Marktschwankungen und Änderungen der Nachfrage aufseiten der Konsumenten (etwa durch schrumpfende Distinktionsgewinne im Zuge zunehmend moderner werdender ökologischer Argumente, die es obsolet werden lassen, mit dem überdimensionierten Geländewagen die morgendlichen Brötchen zu holen) trägt gerade (aber nicht nur) in dieser Branche die Idee eines weltumspannenden Zukaufs von Marktmacht nicht wirklich Früchte. Der De-Merger eines der großen deutschen Luxuswagenhersteller ist hierfür ein mehr als nur anschauliches Beispiel – zu den Summen, die hierbei für das Bemühen um Integration bezahlt wurden (und auch hier müssen explizit die *hidden costs* mitgerechnet werden, die in absorbierter Managementaufmerksamkeit und – daraus mittelbar folgenden – Qualitätsmängeln, Verlust von Leistungsträgern und Demotivation bei den verbleibenden Mitarbeitern und Führungskräften etc. bestehen), müssen nun auch die Kosten für eine »Entflechtung« der notdürftig zusammengewachsenen Bereiche addiert werden. Kapitalvernichtung im großen Stil – so zumindest sieht es das Gros des internen Personals, und auch die Kapitalmärkte besinnen sich nach anfänglicher Euphorie auf die ihnen eigene Nüchternheit eines durchökonomisierten Kosten-Nutzen-Kalküls.

Wenn also das Beharren auf Integration das Gegenteil davon hervorruft: Welche Alternativen sind denkbar, die im Falle von Unternehmenszusammenschlüssen durch gezielte Eingriffe (des Managements) die Wahrscheinlichkeit erhöhen, den Prozess der Schismogenese einzudämmen, bestenfalls gar nicht erst in Gang zu setzen?

Wenn man diesen Gedanken konsequent weiterdenkt, liegt die Idee einer Umkehrung der Paradoxie recht nahe. Statt dass also auf Integration gesetzt wird, müssten im Rahmen des Post-Merger-Managements Gelegenheiten geschaffen werden, mit den bestehenden Differenzen zu arbeiten, d. h., in den Fokus rückt die Figur einer »Integration durch Differenzierung«. Anstelle von grenzüberschreitenden Integrationsbemühungen zählte dann die Arbeit an bestehenden Unterschieden, die in ihrem spezifischen Kontext wertgeschätzt und immer wieder ausgeflaggt werden. Ein freiwilliges Zusammenspiel unterschiedlicher Kompetenzen, Technologien, Strukturen oder Fertigungsprozesse etwa stimuliert eher die wechselseitige Neugier auf die Sichtweise »der anderen« und die Offenheit für sie. Auch wenn sich dies auf den ersten Blick ein wenig (zu) optimistisch und naiv anhören mag, so ist doch die Einsicht in die Paradoxie einer Integration durch Differenzierung der zentrale Schlüssel für eine erfolgreiche

Vernetzung von spezifischen Teilen eines Unternehmens mit denen eines anderen. Mit Rückgriff auf biologische Vorstellungen könnte man von einer Symbiose unterschiedlicher Systemtypen sprechen: ein wechselseitiges Ausnutzen der Fähigkeiten eines Partners, den man aus gutem Grund in seiner Andersartigkeit belässt, um sich nicht um die Grundlage eines gemeinsam generierten Profits zu bringen. *Win-win* für alle Beteiligten, könnte man sagen: Statt auf Grenzauflösung und damit auf identitätsgefährdende Praktiken zu setzen, geht es um temporäre Vernetzungen und Verflechtungen unter kontinuierlicher Beachtung der klar markierten Grenzverläufe.

Das verantwortliche Management sollte also nicht der Idee eines statischen, ontologisch eingefärbten Identitätsentwurfs Vorschub leisten – einer Idee, die übrigens im Lichte moderner Organisationsforschung zunehmend häufiger als (funktionale) Fiktion enttarnt wird[5] –, sondern ist gut beraten, ein aktives Grenzmanagement zu betreiben. Ein solches Grenzmanagement geht von einer dynamischen Einheit der Differenz aus: Identität »ist« nicht, sondern wird im Prozess des Organisierens durch das Spiel mit Differenzen laufend neu hergestellt. Freilich nicht immer wieder von Grund auf neu (das wäre viel zu aufwendig und fragil), sondern eingebettet in die vorlaufenden Prämissen und Entscheidungen, die jeweils den Handlungsraum für das Austarieren neu hinzukommender Erfahrungen abgeben und damit Anschlussfähigkeit und Erwartungssicherheit bezüglich aller Neuerungen sicherstellen. Im Oszillieren zwischen Integration und Differenzierung, zwischen Autonomie und Interdependenz, Konsolidierung und Expansion »atmen« Systeme in ihrem eigenen Rhythmus, arbeiten sich in ihrer Eigenzeit durch die vielfältigen, von innen als »außen liegend« interpretierten Schnitt- und Nahtstellen mit der eigenen, branchenspezifischen Population.

Die Frage, ob dies im Rahmen eines traditionellen Hierarchieverständnisses gelingen kann oder ob zur Klärung der komplexen Interaktionen zwischen einzelnen Subkulturen, Bereichen, Regionen, Geschäftsfeldern, Abteilungen etc. eher modernere Konzepte aus der Netzwerkforschung herangezogen werden müssen, soll an dieser Stelle jedoch nicht weiter vertieft werden. Ganz offensichtlich enthält das

---

5 Siehe dazu etwa die Arbeiten von Simon und March (1997), Weick (1985, 1996) oder Kauffman (1996) sowie die vielfältigen grundsätzlichen Hinweise auf eine relationale Identitätskonstruktion in Netzwerken, wie sie etwa von Harrison White propagiert wird (1992).

Netzwerkparadigma ein deutlich erweitertes Maß an *requisite variety*, an Möglichkeiten zu angemessener Komplexitätssteigerung also, und bietet sich damit als handlungs- wie auch forschungsleitender Rahmen geradezu an, will man die Frage nach möglichen Erfolgsbedingungen im Zusammenhang von M&A-Aktivitäten besser beantworten.

Statt Integration also Flexibilität, temporäre Übereinkünfte, Anpassungs- und Lernfähigkeit sowie Responsivität: Ein auf den Moment hin gedachter intelligenter Umgang mit Unterschieden sowie die – aus den selbst induzierten einschließlich der aus sich widersprechenden Logiken heraus generierte – permanente Unruhe und strukturell angelegte Spannung erfordern insbesondere vom Management ein verändertes Verständnis der zugrunde liegenden Dynamik in Phasen der verstärkten Kulturberührung(en). Hier sind traditionellerweise insbesondere die Personalabteilungen gefragt: Aufgrund des spezifischen Zuschnitts ihrer Funktion in der Gesamtkonfiguration einer Organisation kann gezielt auf die permanent zu bearbeitenden Irritationen eingegangen werden – weshalb eine Zusammenlegung von HR-Funktionen gerade in den heißen Phasen eines Unternehmenszusammenschlusses keine besonders gute Idee ist. Will man nicht mit dem Motto »Gutes Beispiel geht voran« in die wechselseitigen Irritationen und Selbstblockaden einer aufbrechenden Schismogenese geraten, ist genau an dieser Stelle die Pflege von stabilen Zonen wichtiger, aus denen heraus dann zumindest temporär für Überblick und Orientierung gesorgt werden kann.

Insgesamt gesehen, sind das alles keine kleinen Herausforderungen, bedenkt man den Erfolgsdruck und die künstlich verknappten Zeithorizonte, angesichts deren sich der Erfolg einer Fusion oder der Kauf eines Unternehmens (und damit auch des verantwortlichen Managements) rechnen muss. Und doch – so legt es zumindest sowohl die alte ethnologische als auch neuere soziologische Forschung nahe – ist der auf Zeit angelegte Ausdifferenzierungsprozess aller Beteiligten die einzige Möglichkeit, die paradoxe Logik der Schismogenese mit ihren eigenen Waffen zu schlagen.

Wann immer also in der Diagnose der laufenden Prozesse im Rahmen von M&A-Aktivitäten die Erkenntnis Raum gewinnt, es handle sich bei den beobachteten Organisationen um linear-instruktiv steuerbare, zeitlich und sozial ungebrochene Ganzheiten, ist der von Steve de Shazer (2010) im Falle eines überbordenden Deutungsaktionismus anempfohlene Griff zu einer Aspirintablette eine hilfreiche

Intervention (vgl. etwa die beratergesteuerten *rules of thumb* beim Aufsetzen der M&A-Prozessarchitektur: »Go slow« vs. »Fast forward« – was denn nun?). Bis der Anfall vorüber ist, richtet man in solchen Fällen durch reines Nichtstun deutlich weniger Schaden an als durch beherztes Eingreifen, das einzig dazu dienen kann, den (selbst verursachten) Flurschaden auszubessern, indem man neues Gras niedertrampelt.

Stabile Ungleichgewichte

Auch aus einer völlig anderen Perspektive erhält unsere Denkfigur Unterstützung. Beim Nachdenken über instabile und stabile Gleichgewichte drängt sich – nicht zuletzt befeuert durch die aktuellen Auseinandersetzungen in Bezug auf Klimawandel und Ressourcenverknappung – der laufende ökologische Diskurs über eine nachhaltige Sicherung der globalen Lebensgrundlagen als Beispiel förmlich auf. Der Mainstream der ökologischen Debatte ist sich dabei einig: Der Natur kann es nur gutgehen, wenn ausgeglichen bilanziert wird. Der ökologische Haushalt strebt ein permanentes Gleichgewicht an, dessen größte Gefährdung von seiner eigenen komplexesten Hervorbringung ausgeht: dem Menschen. Der Münchner Biologe Josef Reichholf (2008), den man nicht grundlos als Enfant terrible des Umweltschutzes bezeichnet, meldet in seiner jüngsten Buchpublikation gehörige Zweifel am Bild des Einklangs bzw. des Gleichgewichts in der Natur an. Er beschreibt ökologische Prozesse demgegenüber als stabile Ungleichgewichte, in welche sich die beteiligten Organismen durch Energiezufuhr von außen selbst versetzen. In fast wörtlicher Übereinstimmung mit den hier vorgestellten systemtheoretischen Überlegungen entwickelt Reichholf ein Modell, dessen Tragfähigkeit die Zukunft des Lebens weniger aus moralischen Projektionen als vielmehr aus seiner inneren Logik heraus sicherstellen kann. Er führt zunächst aus, dass die einzelnen Lebewesen über klare Grenzen zur Außenwelt verfügen müssen, um überhaupt zu überleben:

>»Nur die klare Trennung von innen und außen hält die Spannung aufrecht, unter der sich die Lebensprozesse entwickeln können. Organsimen sind, ihrem Namen gemäß, Organisationsformen von Materie, die durch ein inneres Fließgleichgewicht fern vom Gleichgewicht mit der Umwelt gehalten werden. Bricht diese Trennung zusammen, weil die Grenze aufgehoben wird, erlischt das Leben, und der Körper ist, wenngleich noch als solcher vorhanden, tot« (2008, S. 99 f.).

Bereits die Basis des Lebens wird also über eine Art Grenzmanagement sichergestellt. In komplexeren Ökosystemen verschiebt sich die Eindeutigkeit des Grenzverlaufs hin zu einer offenen, flexiblen Struktur. In Analogie zur soziologischen Organisationstheorie schreibt Reichholf von Freiheitsgraden, welche »die zulässigen Möglichkeiten für die Akteure, ihre Spiele auf der Bühne der Natur zu entwickeln« (ebd., S. 101 f.), repräsentieren. Die Ökosysteme müssen daher

> »als Fließgleichgewichte fern vom Gleichgewicht bleiben. Je weiter sie davon abgerückt werden, desto produktiver sind sie in aller Regel. Aber auch umso anfälliger für Änderungen.«

Wenn wir das Beschriebene als Analogie für unsere Untersuchung aufnehmen, lässt sich daraus Folgendes ableiten: Der Zustand dynamischen Gleichgewichts zwischen zwei Unternehmen lässt sich in diesem Licht unter umgekehrten Vorzeichen als stabiles Ungleichgewicht beschreiben. Und aus systemtheoretischer Sicht konstituiert sich das stabile Ungleichgewicht als rekursiver Zusammenhang: als Selbstbezug der Organisation unter immer neuen, veränderten Verhältnissen.

Auf dem Weg von der Theorie zur Praxis

Zu weit hergeholt? Um diesem möglichen Einwand gegen die theoretische Grundskizze entgegenzutreten, soll an dieser Stelle eine Brücke eingebaut werden, die es erleichtern soll, das schwere Gepäck des Reflexionswissens in einen handlichen Rucksack für eine möglichst leichtfüßige Bewegung auf der »Baustelle Praxis« zu verwandeln. Anschaulichkeit hat Vorrang. Entsprechendes systemtheoretisches Navigations-Know-how ist, für sich genommen, noch keine Garantie dafür, schadlos ans Ziel zu gelangen; kann aber – an entscheidender Stelle eingesetzt – vor systematischen Irrwegen bewahren. Die Fusion zwischen dem französischen Telekommunikationsausrüster Alcatel und seinem transatlantischen Pendant Lucent erlaubt es uns, die Chronik eines Unternehmenszusammenschlusses aus einer fast schon ethnologischen Perspektive nachzuzeichnen. Je nach Sichtweise zeigen sich uns entweder im Zeitraffer oder aber in Zeitlupe jene Mechanismen und Muster, deren innere Dynamik das *Auge des Ethnographen* (Leiris 1985) an schismogenetische Phänomene erinnert.

Von Anfang an war diesem Unternehmenszusammenschluss ein Potenzial an Abschließungsreaktionen eingeschrieben, das – wie noch aufgezeigt werden wird – durch die entsprechenden Umstände allmählich zur Entfaltung »angeregt« wurde. Die im Zuge der Fusion im Jahr 2006 ausgegebene Ankündigung eines »Merger under equals« bzw. eines »Best of both« wich im Laufe der Zeit der Ernüchterung. Weder ein groß angelegtes Gesundschrumpfen noch der Versuch, das Ruder nach einem ersten, die Erwartungen nicht erfüllenden Geschäftsjahr herumzureißen, konnten langfristig das verlorene Vertrauen der Märkte und der Öffentlichkeit stabilisieren. Ein Grund dafür lag nicht zuletzt in der zu schwach ausgeprägten Fähigkeit beider Unternehmen, auf die internen Dynamiken der Kulturberührung zu reagieren – sie also weder zu leugnen noch zu bekämpfen, sondern mit einem entsprechenden Steuerungsinstrumentarium zu bearbeiten. Der Rücktritt der für den Merger verantwortlichen Führungsspitze (CEO Pat Russo und CEO Serge Tchuruk) im September 2008 darf nicht darüber hinwegtäuschen, dass der Austausch der führenden Köpfe eines Merger noch keine Verbesserung der Lage garantiert. Wenn wir – der systemtheoretischen Tradition folgend – der Organisation einen Eigensinn zubilligen, der sich unter Einberechnung, aber eben auch Negierung der Steuerungsversuche einer Führung entfaltet, dann wohnt der Dynamik, die sich zwischen Alcatel und Lucent entfaltet hatte, weder etwas Schicksalhaftes inne, noch lässt sich der tatsächlich eingeschlagene Kurs so einfach »von oben herab« verändern.

Die sich herausbildenden Muster bei diesem Merger waren vielleicht nicht zu jeder Zeit und an jedem Ort vorhersehbar, sie sind aber sehr wohl jederzeit beschreibbar, ganz im Sinne von archetypischen Verhaltensweisen. Die Erkenntnis, wie wertvoll die Einsichten aus der ethnologischen Forschung für das Feld der beratenden Begleitung von Fusionen sind, wie sehr sie in der Lage sind, uns einen Schlüssel zum Verstehen dessen zu liefern, was scheinbar so undurchschaubar hinter bzw. noch vor uns liegt, wird dadurch nur verstärkt.

Kulturen als Hybriden

Markieren wir einen ersten Wegweiser auf unserem Pfad in die Praxis, und zwar in Form jener Frage, auf die sich unsere theoretischen Thesen ebenso wie unsere praktischen Navigationsangebote gründen: Was spricht dafür – der im vorangegangenen Teil formulierten Vorbehalte gegenüber einem unzulänglich vereinfachten Kulturbegriff zum Trotz –, einen transatlantischen Unternehmenszusammenschluss als »Kulturberührung« zu deuten?

Skeptische Stimmen mögen einwenden, dass wir doch längstens in einer globalisierten Ökonomie gelandet sind, deren lokale Kohorten in einem weitgehend neutralen, um nicht zu sagen: sterilen Raum agieren. Lifestyle hier, MacDonald's dort: Was soll da noch groß dran sein an einer Rede von den »Kulturen« – zumal in einem eng abgesteckten Arbeitsfeld, in unserem Fall dem der Telekommunikationsbranche? Es geht ja nicht darum, dass der eine die Frühstücksgewohnheiten des anderen annimmt, um gemeinsam ins operative Tagesgeschäft zu kommen!

Die Antwort auf diesen Einwand ist möglicherweise deshalb komplexer als zunächst angenommen, weil wir mit »Kultur« in unserem speziellen Fall zugleich weniger und mehr bezeichnen, als die alltagssprachliche Bedeutung des Wortes üblicherweise umfasst. »Kultur« bedeutet in der Lebenswelt etwas anderes als in der Arbeitswelt – und ist in weiten Teilen doch nicht ganz davon zu trennen. Im Kontext von Organisationen (Unternehmen, Behörden etc.) lässt sich Kultur am ehesten mit den Modalitäten auf allen Ebenen des Tagesgeschäfts identifizieren: Sobald wir von Kultur sprechen, sehen wir uns einer Verschiebung vom *Was* zum *Wie* gegenüber – was zugleich immer mit einem Anstieg an Komplexität einhergeht.

Wie auch immer man es dreht: Kultur ist *einfach* nicht zu haben; sie tendiert gleichzeitig zur Emergenz wie zur Schließung. Sie fordert Berührung geradezu heraus – und reagiert oft im selben Augenblick mit Rückzug und Abstoßungsreaktionen. Im Unternehmensbereich sollte man deshalb anstelle der überstrapazierten Bezeichnung *Corporate Identity* die Bezeichnung *Cultural Hybridity* verwenden – in dem Sinn, dass Kultur in der Moderne gewissermaßen erst dort beginnt, wo eine Dynamik der Identitätserweiterung bzw. -verflüssigung einsetzt. Zygmunt Bauman, einer der interessantesten Soziologen des späten 20. bzw. beginnenden 21. Jahrhunderts, hat in Bezug auf die allgemeine Verfasstheit der globalisierten (Nachkriegs-)Gesellschaft den Begriff der »liquid modernity« eingeführt, was in den deutschen Übersetzungen zuweilen mit »flüssige«, aber auch »flüchtige Moderne« wiedergegeben wird.[6]

---

6 Bauman (2000, 2005). Neben dem Begriff der »Verflüssigung« – in Bezug auf Identitätskonzepte – analysiert Bauman auch den Zustand der Ambivalenz als einen ebenso verdrängten wie konstitutiven Grundzustand der Moderne.

Wir müssen kaum groß angelegte kulturgeschichtliche Argumentationsbogen bemühen, um einen Eindruck davon zu bekommen, wie sehr der Begriff der Kultur ein dynamisches Gleichgewicht hochgradig widersprüchlicher Aggregatzustände repräsentiert. Die Rede von Kultur führt, wenn sie nicht hinter die diskursiven Errungenschaften der Moderne zurückfallen will, immer schon eine Inkorporation des anderen/Fremden mit. Das Wort »Kultur« stellt in der Moderne in gewisser Weise die große Klammer für alles dar, was sich nicht (mehr) kontrollieren, steuern bzw. exakt berechnen lässt. Welche Auswirkungen diese paradigmatische Umstellung auf die Kultur von Unternehmen bzw. insbesondere von Unternehmenszusammenschlüssen hat, wird uns in dem nun folgenden Praxisteil beschäftigen.

Kulturberührung und Globalisierung

Aus dem bisher Gesagten lässt sich schließen, dass Komplexität auf dem Feld der Kultur kein Wert für sich ist, sondern zunächst nur eine Form der Beschreibung der Dynamik darstellt, die von der Form linearer Kausalität entscheidend abweicht. Uns interessiert Kultur als Phänomen im Merger-Zusammenhang genau in diesem Punkt: Nicht *dass* Unternehmen sich selbst hervorbringen, sondern *wie* sie dies tun – dies bestimmt schließlich auch die Art und Weise, wie sich zwei verschiedene Unternehmen aufeinander zubewegen. Nur durch eine genaue Beobachtung des *Wie* lassen sich tatsächlich systemische Rückschlüsse auf Merger-Abläufe ziehen. Erst dadurch wird die Stärke der darauf gründenden Modelle eines *Change-Managements* als rekursiver Prozess ersichtlich.

In den vorausgegangenen Abschnitten haben wir festgestellt, dass in der Berührung zweier verschiedener Systeme eine Relativierung der stabilen Eigenwerte aller Beteiligten stattfindet und daraus ein wesentlicher Impuls für die Dynamik entsteht, aus der heraus sich die Abwehrmechanismen und Abstoßungsreaktionen auf beiden Seiten bilden. Beide Seiten eines Merger reagieren auf das, was von der anderen Seite kommt, auf der Basis der eigenen Systemlogik – und daraus entwickeln sich letztlich paradoxe Spannungen, die das Alltagsgeschäft lähmen. Denn nichts anderes als diese Systemlogik wird durch die andere Seite permanent infrage gestellt und in ihrem Selbstverständlichkeitsanspruch provoziert. Die »Kultur« der Organisation, des Entscheidens, der Kommunikation erfährt Grenzen – und wird, wie bereits angedeutet, gerade an diesen Grenzen auf oft nicht gerade schmeichelhafte Weise mit sich selbst bekannt gemacht. Bestand die ursprüngliche Funktion der Unternehmenskultur (im Sinne »unentscheidbarer Entscheidungsprämissen«, so die von Luhmann 2000, S. 241 ff., vorgeschlagene Bezeichnung) gerade darin, Sicherheit in den alltäglichen Routinen dadurch zu erzeugen, dass sie genau nicht ständig auf ihren Sinn hin befragt werden mussten (Motto: »So macht man das halt hier bei uns«), so wird durch die Dynamik der Kulturberührung ebendiese Funktion außer Kraft gesetzt. Plötzlich stehen auch die selbstverständlichsten Praktiken auf dem Prüfstand, können überprüft, müssen neu entschieden werden (und können dabei wieder angenommen, aber auch abgelehnt werden), kurz: Dem Tausendfüßler gleich, der die Eleganz seiner Bewegungen nur praktizieren kann, wenn er nicht über sie nachdenkt, verstolpern sich beide Unternehmen in der wechselseitigen Beobachtung bzw. bei den Rückschlüssen, die sie daraus für sich selbst ziehen. Damit dieses Risiko erst gar nicht aufkommt, muss weggeschaut werden – wo immer dies möglich ist.

Bezüglich der praktischen Manifestationen einer solchen Selbstbegegnung sollten wir uns daher wenig vormachen: Nur in den seltensten Fällen vollzieht sich eine solche – an und für sich ebenso chancen- wie risikoreiche – Situation als moderierte Reflexion mit anschließend gutem Ausgang aus der selbstverschuldeten Sprachlosigkeit. Allzu oft verschiebt sich der ernüchterte Blick nach innen auf ein »feindliches« Außen: »Die da machen das aber ganz anders; das werden sie uns jetzt überzustülpen versuchen, und du wirst sehen: Es wird schiefgehen!« – Das Zuviel im Eigenen wird umgedeutet in ein Zuwenig bei den anderen – und fertig ist die erste schismogenetische Schleife.

Nehmen wir das als eine der zentralen Pointen des Fusionsprozesses in die anschließende Praxisbeobachtung mit: Kultur taucht in gewisser Weise erst in der Begegnung mit dem anderen auf – dann allerdings oft genug verschleiert als Angriff auf die eigene Identität. Wie aber – und darin besteht die zweite, sehr viel kompliziertere Pointe in Bezug auf unsere Integrationsthese – lässt sich ein solcher Impuls in den Berührungsprozess »integrieren« – oder, noch zugespitzter gefragt: Lässt er sich überhaupt?

Jene Kräfte, die bei der Ankündigung eines Merger für die in Angriff zu nehmende Verarbeitung einer Begegnung mit dem anderen freigesetzt werden sollten, werden am Ende sämtlich dafür benötigt, das Eigene zu retten und dafür zu sorgen, dass die Schleusen, die da gerade im Begriff sind, geöffnet zu werden, das Wasser nicht über die lange gepflegten trockenen Wiesen der eigenen Gewohnheit hinwegschwappen lassen.

Im Verlauf unseres Fallbeispiels werden wir es immer aufs Neue mit dieser Verschiebung zu tun bekommen. In ihr liegt die Hauptdynamik aller schismogenetischen Reaktionsbildungen begründet. Und darin eröffnet sich auch das dramatische Scheiternspotenzial von Fusionen: Der vorgegebene Merger-Rahmen erfährt intern eine permanente Umdeutung. »Was heißt das für uns/mich?« – »Werden wir/Werde ich die nächste Phase überleben?« – »Gerate ich nicht erst recht in die Schusslinie, sobald ich mich bewege?«

Nicht zu Unrecht lassen sich hier übrigens Parallelen zu den Archetypen organisationaler Muster erkennen, wie sie in *The fifth discipline* entschlüsselt werden (Senge 1990, pp. 92 ff.). Die Systemdynamik steht oft genug im Gegensatz zur Motivlage der einzelnen Akteure; und oft genug kann die (gute?) Absicht der Verantwortlichen eine negative Systemdynamik verhindern. Am fatalen Ende einer solchen Dynamik blockieren sich gegenseitig nicht bloß zwei Unternehmen, sondern ebenso die Handelnden eines Systems bis hin zum sprichwörtlichen »Rien ne va plus«. Wir kennen solche Prozesse zur Genüge aus der Politik, beispielsweise bei Koalitionen, vorzugsweise bei sogenannten Großen, wo sich zwei in sich bereits hoch ausdifferenzierte Lager zu einer Vernunftverbindung aus Staatsräson zusammenfinden. Vergleichbares lässt sich anhand von multinationalen Institutionen wie der EU oder UNO beobachten. Man bedenke etwa nur die Schwierigkeiten bei der Einigung auf eine europäische Verfassung bzw. die vielfach kritisierte »Partisanenmentalität« der einzelnen Mitgliedstaaten, wenn es um die Formulierung eines gemeinsamen politischen Willens geht.

Die Globalisierung der Ökonomie hat offenbar erstaunlich parallele Tendenzen auch auf dem Feld der Wirtschaft hervorgebracht. Gerade im Bereich M&A lassen sich im Wechselspiel die politischen und ökonomischen Interessen oft kaum mehr trennen. An supranationalen Konstruktionen wie etwa dem europäischen (um genau zu sein: deutsch-französischen) Rüstungskonzern EADS hängen oft derart hypertrophe Erwartungen, dass die gesamte innere Dynamik der Organisationsentwicklung von Anfang an schismogenetische Muster ausbildet.

Globalization: Die Blaupause für Fusionen?

Mit Blick auf einen globalen Kontext wird deutlich, dass in dem Maß, in dem auch eine Weltgesellschaft zunehmend mehr Berührungspunkte und Grenzflächen erzeugt, sie damit auch neue Tribalismen (= schismogenetische Reaktionen) produziert – oft genug absurd anmutende Fluchtlinien aus der Irreversibilität globaler Entwicklungsströme. Nimmt man all die hier skizzierten Phänomene zusammen (und erweitert sie vielleicht noch in Gedanken um jene des Sports, der Medien und der Forschung), sollte klar werden, inwiefern jene archaischen Prozesse der Kulturberührung, die Gregory Bateson beschrieben hat, eine Deutungsmatrix für jede Form moderner Interaktionsprozesse bilden. Globalisierung bedeutet – jenseits aller gängigen Kommentierungen – ja nichts anderes als die Zunahme tagtäglicher Kulturberührungen, und zwar in einem Ausmaß, das gerade in den vergangenen 20 Jahren gänzlich unüberschaubar geworden ist. Es mag sich in unserem Zusammenhang wie eine Binsenweisheit anhören, dass gegenwärtig jede Form der Fusion vor einem globalen Hintergrund stattfindet. Kaum bedacht wird dabei jedoch, dass die Dynamik der Globalisierung sich in ihrer Neigung zur Hybris in jüngsten Zeiten dramatisch zu verstärken beginnt. Mehr als umstritten dürfen jedenfalls jene Rettungsboote sein, die vonseiten der meisten Beteiligten den *boomtown rats* zur kopflosen Flucht ins nächste Debakel bereitgestellt werden: Auf eine Phase rücksichtsloser Liberalisierung scheint nun ein kaum wetter- und sturmfesterer Etatismus Raum zu greifen, durch dessen großzügige Rettungspakete sich die Märkte von ihrem Party-Kater erholen sollen. Das alles tut man nur, um vielleicht doch die nächsten Wahlen zu gewinnen – und die Illusion aufrechtzuerhalten, das vor unser aller Augen Ablaufende sei in einem konventionellen Sinn lenk-, steuer- oder gar dirigierbar.

Das klingt zunächst vielleicht allzu trivial, birgt aber – im Gegenteil – bei genauer Betrachtung in jeder Hinsicht revolutionäre Konsequenzen: Governance, Steuerung und Führung – kurz: alle Konzepte eines Managements mit dem Anspruch, auf der Höhe der Zeit zu agieren – sehen sich Anforderungen gegenüber, die das klassisch-lineare, rationale Lösungsdenken obsolet machen (vgl. dazu etwa Weick u. Sutcliffe 2003, S. 166 ff.). Dies ist die andere Seite der Merger-Falle: Dem Rückzug aus Angst aufseiten der Angestellten entspricht ein lernresistenter Aktionismus derer, die im Sturm nicht mehr mit ihrem Schiff klarkommen. Die solcherart bereits manifeste tiefe innere Spaltung lässt sich aber weder mit einem neuen Regierungsprogramm noch mit einem von oben lancierten Aktionsplan zur Rettung der Wehrlosen und Versprengten überwinden, sondern nur mit einer neuen Art und Weise des Führens. Auch hier landen wir wieder beim Wie, dem wir an anderer Stelle bereits einige grundsätzliche Gedanken gewidmet haben (Krusche 2008).

In einem weiten und dementsprechend nachhaltigen Sinn geht es um eine paradigmatische Umstellung in Bezug auf Steuerung, Führung und Governance: Denn als Konsequenz aus der intra- ebenso wie aus der interorganisationalen Differenzierung lässt sich Steuerung nur in Verbindung mit den an sämtlichen Orten sich etablierenden und schon allein aufgrund ihrer inneren Logik strikt dezentral agierenden Netzwerken denken. Das bedeutet kein Verschwinden von Hierarchien, sondern im Gegenteil ihre Rückkehr unter gänzlich neuen Vorzeichen: »Netzwerke und Teams kommunizieren; Hierarchien handeln«, haben wir bereits bei der Einführung von Dirk Baecker gelernt. Ein solches Handeln steht jedoch in einem Fusionsprozess noch einmal auf besondere Weise infrage, weil sich die Netzwerke – sprich: jene kommunizierenden Gefäße, aus denen der Fluss des inhaltlich Neuen entsteht – zwischen den einzelnen Unternehmen erst bilden müssen. Ein solcher Prozess verlangt gleichzeitig einen klaren Rahmen und einen Spielraum für Initiative und Selbstorganisation und führt damit nicht nur die Unternehmen als organisationale Einheiten, sondern auch Führung selbst buchstäblich an ihre Grenzen. Der fundamentale Wandel, den ein Merger darstellt, läuft also, um eine weitere pointierte Formulierung Dirk Baeckers (1999, S. 198) aufzunehmen, gleichsam »mit der Hierarchie gegen die Hierarchie« ab und verdeutlicht damit eine zentrale schismogenetische Bruchlinie innerhalb der Organisation. Im vorliegenden Fall lassen sich – im Anschluss an diese Ausführungen – nahezu mustergültige Reaktionsbildungen feststellen, die zeigen, wie wichtig es ist (mit Blick auf unser Fallbeispiel: gewesen wäre), mit dieser paradoxen Dynamik auf beiden Seiten kontinuierlich zu rechnen.

Vergegenwärtigen wir uns nur kurz einige prinzipielle Einsichten in das Werden und die Gestalt von Netzwerken, um ein erstes, grobes Bild von den Konsequenzen in Bezug auf Organisation zu machen.

Netzwerke, so jedenfalls lehrt es uns die Soziologie, entstehen über die Logik des Tausches – gründen also auf einem komplexen

Verhältnis von Gleichheit und Ungleichheit zwischen den Beteiligten, wobei Erstere den Garanten für Stabilität und Letztere den für Dynamik darstellt. Die Dynamik entsteht aus dem Fluss von Information, Wissen und Gütern, die in einem Netzwerk zwischen den einzelnen Beteiligten zirkulieren. Netzwerke verwandeln die Organisation in ein Geflecht von dezentralen Anknüpfungspunkten, an denen sich vorübergehende, aber auf ihre Weise spezifisch dichte Beziehungen entwickeln.

Innerhalb der Logik unserer Argumentation erweisen sich Netzwerke in gewisser Hinsicht als gleichzeitig ideale wie hochriskante Anspielpartner im Merger-Prozess. Aufgrund der Dynamik ihrer Flexibilität und ihres im Vergleich mit der klassischen Organisation überdurchschnittlich hohen Grades an Flüchtigkeit bringen sie ein großes und extrem lernfähiges Potenzial in einen solchen Prozess ein. Gleichzeitig brauchen gerade Netzwerke in einer Phase, in der buchstäblich kaum ein Stein auf dem anderen bleibt, eine kontinuierliche Erzählung aus dem Zentrum, mit der sie rechnen können, sonst werden ihre Spuren im Sand verlaufen. Darüber geht über kurz oder lang schließlich auch die viel strapazierte Anschlussfähigkeit verloren. Wohlgemerkt: Wir reden hier nicht von einem gut gemeinten, wie auch immer gearteten Bei-Laune-Halten der stets Gewehr bei Fuß harrenden Kohorten an der Peripherie – wer dies aus dem Gesagten herausliest, hat den epochalen Wandel nicht begriffen, der sich in den letzten Jahrzehnten in den Organisationen vollzogen hat. Was hier gefordert ist, ist schlicht eine neue Perspektive auf Führung und Steuerung, die all dies berücksichtigt und in ein kontinuierliches Reizverhältnis mit den Netzwerken tritt. Ein Spiel, das auf gegenseitigen Provokationen beruht, ohne dass man jemals den Blick für den Ernst der Lage – und vor allem den auf die Zukunftsnotwendigkeiten – verlieren darf!

Auch in dem hier skizzierten Kontext lässt sich also an die Denkfigur der »stabilen Ungleichgewichte« anschließen, die wir oben (gewissermaßen als postmoderne Variante des von Gregory Bateson beschriebenen »dynamischen Gleichgewichts«) als eine angemessene Beschreibung des komplexen Zustands der Kulturberührung kennengelernt haben. Umgerechnet auf unsere Fragestellung, ergibt sich daraus: Ein Merger ist nicht der größte aller anzunehmenden Unfälle, als der er sich bei dementsprechend misslungenem Management für alle Beteiligten und erst recht für die Öffentlichkeit darstellt, sondern eine radikal verdichtete Botschaft aus der nahen Zukunft von Organisationen. Hat man die Perspektive erst einmal so weit geöffnet, erscheinen die »klassischen« Navigationsmanöver bei Unternehmenszusammenschlüssen in keinem guten Licht. Nicht selten bleibt der Eindruck, als wolle man die Befindlichkeiten, die in einer Ausnahmesituation natürlicherweise auftreten, um alles in der Welt aus ebendieser schaffen, anstatt alle Seiten genau damit zu konfrontieren: So ist das nun mal, gewöhnt euch dran! Angemessen wäre eine neue Klarheit hinsichtlich Entscheidungen und Entwicklungsprogrammen in einem zusehends unübersichtlicher werdenden Raum. Das Paradoxe, die Ambivalenz, das Unerwartete: In dieser begrifflichen Trias formulieren sich nicht bloß hohle Schlagworte einer sich selbst bemitleidenden Postmoderne, sondern die Vokabeln einer Welt, die sich in einem fort ausdifferenziert und neu zusammensetzt. Unsere Formel von der »Integration durch Differenzierung« scheint unter diesem Blickwinkel den vielversprechendsten Weg durch unüberschaubares Gelände zu weisen. Was aber heißt das nun tatsächlich für die bzw. in der Praxis?

2. Der Zusammenschluss von Alcatel & Lucent

Auch wenn in der folgenden Beschreibung des Merger von Alcatel und Lucent in erster Linie die Aktivitäten des HR-Bereichs im Mittelpunkt stehen werden, so lohnt doch zu Beginn ein kurzer Blick auf die beteiligten Spieler und ihre offiziellen Pläne: Wer geht hier eigentlich mit wem zusammen? Und welcher Logik und Strategie folgt dieser Zusammenschluss?

Die Firma **Alcatel** mit Stammsitz in Paris liefert seit vielen Jahren Kommunikationslösungen für Netzbetreiber, Diensteanbieter und Unternehmen, damit diese für ihre Kunden oder Mitarbeiter Sprach-, Daten- und Videoanwendungen bereitstellen können. Alcatel nutzt seine führende Stellung bei Fest- und Mobilfunknetzen sowie bei Anwendungen und Diensten, um für seine Kunden in einer nutzerorientierten Breitbandwelt die Wertschöpfung zu steigern. Alcatel ist mit 58 000 Mitarbeitern in 130 Ländern aktiv und erzielte 2005 einen Umsatz von 13,1 Milliarden Euro.

Die Firma **Lucent** mit Headquarter in Murray Hill, New Jersey, USA, entwickelt und liefert Systeme, Dienstleistungen und Software, die die Kommunikationsnetze der neuen Generation antreiben. Die Gesellschaft wird von Bell Labs Forschung und Entwicklung unterstützt und setzt ihre Stärken bei Mobilität, Optik, Software, Daten- und Sprachnetztechnologien sowie auch bei Dienstleistungen und der Erwirkung neuer umsatzerzeugender Möglichkeiten für ihre Kunden ein, wobei ihnen gleichzeitig ein schnellerer Einsatz und ein besseres Management ihrer Netze ermöglicht wird. Lucents Kundenstamm umfasst Kommunikationsdienstleister, Regierungen und Unternehmen weltweit. Im Geschäftsjahr 2005 erzielte Lucent einen Umsatz von 9,4 Milliarden US-Dollar.

Beides also Schwergewichte der Telekommunikationsbranche; einer Branche, die vor grundlegenden Transformationen steht, welche die darin agierenden Unternehmen unter immer größeren Zugzwang setzt. Sinkende Margen im Kerngeschäft, starke Konkurrenz aus fernöstlichen Staaten wie China und ein wachsender Innovationsdruck – all diese Faktoren sorgen für Bewegung unter den Wettbewerbern, die mit Blick auf ihre Zukunftsfähigkeit über sowohl einschneidende Kosteneinsparungen wie auch neue Geschäftsfelder und Produktinnovationen nachdenken müssen und damit die Quadratur des Kreises anstreben.

Der formale Ablauf des Merger dieser beiden Unternehmen gestaltete sich wie folgt.

Schritt 1: April 2006

»The signing of the merger«: Nach monatelanger Vorbereitung unter dem Siegel der Verschwiegenheit verkünden am 2. April 2006 Alcatel und Lucent öffentlich ihre Übereinkunft zum Start eines Merger.

Schritt 2: Mai bis Juni 2006

Die französischen und amerikanischen Auflagen für eine Merger-Transaktion werden von den amerikanischen und französischen Wettbewerbsbehörden festgelegt und genehmigt.

Schritt 3: Juli bis August 2006

Die Managements von Alcatel und Lucent verfertigen entsprechende Resolutionen, die von den Shareholdern genehmigt werden sollen. Die Shareholder von Alcatel und Lucent werden zu einem Meeting zusammengerufen und stimmen unabhängig voneinander über den Merger ab. Am 2. August 2006 kündigen Alcatel und Lucent ihre Shareholder-Vollversammlungen an. Am 8. August 2006 geben die französischen und amerikanischen Behörden grünes Licht für den Alcatel-Lucent-Merger.

Schritt 4: ab September 2006

Am 7. September 2006 stimmen die Shareholder von Alcatel und Lucent in jeweils separaten Veranstaltungen über die Umsetzung des Merger ab und erteilen den dort vorgestellten Plänen und Profitabilitätsberechnungen ihren Segen. Von Mitte September an wird in den darauffolgenden zwölf Monaten der Start des neuen Unternehmens vorbereitet. Die Listung an der europäischen (Euronext Paris) und amerikanischen Börse (NYSE) unter dem neuen Namen Alcatel-Lucent (ALU) fällt darunter genauso wie die Berufung eines neuen Executive Boards mit Pat Russo und Serge Tchuruk an der Spitze.

Parallel dazu beginnt ein sorgfältig ausgewähltes Team mit den Vorbereitungen des Integrationsprozesses. Am 5. Mai 2006 findet der Kickoff dieses »Integration Program Office«, kurz IPO, statt. Das Team hat den Auftrag, bereits in der laufenden formalen Vorbereitung des Merger – der *pre-closing period*, in der beide Unternehmen noch unabhängig voneinander arbeiten und nicht zuletzt aus wettbewerbsrechtlichen Gründen einander als Konkurrenten betrachten (müssen) – den »Day One« des neuen Unternehmens Alcatel-Lucent vorzubereiten. Bis zum September, dem offiziellen Closing der Verhandlungen, werden Projektpläne entwickelt, die Synergieziele definiert, die neue Organisationsstruktur ausgearbeitet, Ziele und Meilensteine für eine erfolgreiche Umsetzung des Merger festgelegt und im Detail ausgearbeitet. Die entsprechenden Aktionspläne werden pünktlich zum Start des neuen Unternehmens vorgestellt.

Die offizielle Verlautbarung des Zusammenschlusses fasst alle relevanten Punkte des Deals wie folgt zusammen.

Paris and Murray Hill, N.J., November 30, 2006 – Alcatel (Paris: CGEP.PA and NYSE: ALA) and Lucent Technologies (NYSE: LU) today announced the completion of their merger transaction and that they will begin operations as the world's leading communication solutions provider on December 1st, 2006. The new company Alcatel-Lucent, with one of the largest global R&D capabilities in communications and the broadest wireless, wireline and services portfolio, is incorporated in France, with executive offices located in Paris. The company will be traded on Euronext Paris and the New York Stock Exchange (NYSE) from December 1st, 2006 under a new common ticker (Euronext Paris and NYSE: ALU). As a result of the merger, each outstanding share of Lucent common stock has been converted into the right to receive 0.1952 of an Alcatel ADS. In connection with the merger, Alcatel has issued approximately 878 million shares, which is equivalent to the total number of ADS to be issued to the holders of Lucent common stock. Following the completion of the merger, approximately 2.31 billion ordinary shares of Alcatel-Lucent are outstanding.

Serge Tchuruk, appointed today as Chairman of the Board of Alcatel-Lucent, said: »Alcatel-Lucent will be for our customers a partner with the scale and scope to design, build and manage increasingly complex networks that deliver advanced converged services and communications experience to the end-user. That is what Alcatel-Lucent will deliver with an unparalleled focus on execution, innovation and service for our customers: the company will have the most experienced global services team in the telecommunications industry, as well as one of the largest research, technology and innovation organizations in the industry. In fact, our combined company is ideally positioned to help our customers transform their networks so they can offer new kinds of personalized, blended applications and services.«

Patricia Russo, appointed today as Chief Executive Officer of Alcatel-Lucent, added: »Through this merger, we are bringing together two top-ranking companies to form an undisputed leader in the industry, a company poised to enrich people's lives by transforming the way the world communicates. Alcatel-Lucent is a strong and enduring ally that service providers, governments and enterprises can count on to help them unlock new market and revenue opportunities. This combination represents a strategic fit of vision, geography, solutions and people, leveraging the best of both companies to deliver meaningful communications solutions that are personalized, simple to adopt and available globally. Both Alcatel and Lucent embraced a common culture of innovation and excellence that will help ensure the success of our merger.«

A global communications solutions provider

With a comprehensive and diversified portfolio of complementary products, Alcatel-Lucent is well-positioned to address the fastest growing areas of network transformation. The company is a leader in IPTV, broadband access, carrier IP, IMS and next-generation networks, and 3G spread spectrum (UMTS and CDMA). With more than 18,000 employees working in services worldwide, the company has the largest and most experienced global services team in the industry. In enterprise communications solutions, Alcatel-Lucent is No. 1 in Europe and has more than 250,000 enterprise and government customers worldwide.

A global reach with local presence

With a worldwide presence in 130 countries, 79,000 employees (after completion of the Thales transaction) and balanced revenues across all regions, Alcatel-Lucent has strong customer relationships with the 100 largest telecommunications operators in the world. The company will have four geographic regions: Asia-Pacific, Europe and North, Europe and South and North America, to answer the needs of service providers, enterprises and end-users in the most advanced telecommunication markets, as well as in high-growth economies.

There will be five Business Groups: the Wireline Business Group, the Wireless Business Group and the Convergence Business Group (addressing the needs of the carrier market), the Enterprise Business Group and the Service Business Group. Each Business Group will have a decentralized regional organization that will provide strong local support to customers. In addition there will be several corporate functions that support the company including worldwide integrated supply chain and procurement, finance, information technology, marketing, human resources, legal and communications. »While our respective corporate structures have changed, one constant remains: our commitment to be a first class corporate citizen and to act in a socially responsible way in interactions with all our stakeholders,« said Patricia Russo.

Unrivaled breadth and depth of research and innovation expertise

Approximately 23,000 of the 79,000 total number of employees at Alcatel-Lucent are in R&D, including global Bell Labs which will remain headquartered in New Jersey, USA. With Euro 2.7 billion invested in R&D in calendar year 2005 by Alcatel and Lucent and 25,000 active patents, Alcatel-Lucent stands as an innovation powerhouse, featuring one of the largest global R&D capabilities in communications ready to partner and collaborate with customers on breakthrough technology. Alcatel-Lucent also leads standards initiatives with some 600 experts participating in 130 standardization bodies.

Creating Shareholder Value

Significant cost synergies are expected to be achieved within three years of closing and will come from several areas, including consolidating support functions, optimizing the supply chain and procurement structure, leveraging R&D and services across a larger base, and reducing the combined worldwide workforce by approximately 9,000 employees. The merger is expected to result in approximately Euro 1.4 billion in pre-tax annual cost synergies. A substantial majority of the restructuring activity is expected to be completed within 24 months after closing. The transaction is expected to be accretive to earnings per share in the first year post closing with synergies, excluding restructuring charges and amortization of intangible assets.

Ian Austen (2006), Kommentator der *New York Times*, brachte die strategischen Kausalitäten dieses Zusammenschlusses wie folgt auf den Punkt.

»Now, just as the companies have again begun to show signs of life, an Alcatel-Lucent merger might vastly alter the industry's dynamics by creating a large new competitor with worldwide reach, the first that would be a leading company on more than one continent. The deal, if it is concluded, may bring pressure for mergers or takeovers at competitors including Nokia, Siemens Communications of Germany, Ericsson and, above all, the current North American leader, Nortel Networks.«

Soweit also der Überblick über den Verlauf des Mergers mit all seinen offiziellen und formalen Aspekten. Es sollte deutlich geworden sein, dass die Logik des Zusammenschlusses nicht nur aus der Innenperspektive, sondern durchaus auch im Rahmen eines kritischen Außenblicks eine Plausibilität aufwies, mit der die daraus folgenden Schritte gut gegenüber Share- wie auch Stakeholdern begründet und legitimiert werden konnten.

3. Der Merger aus der Sicht von HR

Umso spannender dann die Einschätzung der Konsequenzen, die mit der einsetzenden Merger-Dynamik sichtbar wurden und die wir uns nun im Folgenden anhand eines scheinbaren Nebenschauplatzes – nämlich der deutschen Geschäftseinheit – näher anschauen wollen. Mit Blick auf die konzeptionellen Ausführungen im ersten Teil des Buches wird es uns vor allem darum gehen, die dort beschriebenen Dynamiken einer Schismogenese näher zu erläutern. Exemplarisch wird diese Fallgeschichte, wenn man sich die Mühe macht, die Folgen des transatlantischen Unternehmenszusammenschlusses gleichsam wie unter einem Mikroskop genau dort zu beobachten, wo sich das Ganze – jenseits von Börsenkursen, Marktdynamiken, formalen Plänen und Ankündigungen – tatsächlich vollzieht. Das weitgehend abstrakte Phänomen eines globalen Unternehmenszusammenschlusses wird also auf jene Ebene heruntergebrochen, wo über Gelingen, Anschlussfähigkeit und Gestaltwerdung der Fusion tagtäglich entschieden wird.

Im Mittelpunkt unserer Schilderungen steht daher die Arbeit im Bereich Human Resources (HR) der ehemaligen Alcatel Deutschland AG; dieser Bereich wurde im Laufe des Merger Teil der Region Europe/North und in den nachfolgenden Restrukturierungen mehrmals neu umgestellt, verteilt, zusammengesetzt und zugeordnet. Traditionell ist der Bereich HR bei Fusionsprozessen – auch der Zusammenschluss von Alcatel und Lucent bildet hier keine Ausnahme – an einer zentralen Gelenkstelle jeder Merger-Architektur positioniert: Einerseits sind dort die Kräfte gebündelt, die über das fachliche Know-how dafür verfügen, großformatige Veränderungsprozesse zu gestalten und die bereitliegenden Fallstricke mit einer entsprechenden Instrumentierung so weit wie möglich zu umgehen. Zum anderen ist der Bereich selbst natürlich immer auch Teil der dramatischen Veränderungen, die zu begleiten er aufgefordert ist. Diese Selbstbezüglichkeit der eigenen Arbeit – etwas aktiv zu gestalten, von dem man permanent selbst gestaltet wird – führt zu einigen Widersprüchen und Verwerfungen bei den handelnden Akteuren, die damit einem besonderen Stress ausgesetzt sind. Orientierung zu geben, einen Weg zu bereiten für die vielen Unternehmenseinheiten, die in der Bearbeitung der jeweiligen Sachaufgabe von der sozialen Prozessdynamik des Merger überrascht und paralysiert werden und gleichzeitig selbst dieser Prozessdynamik ausgeliefert zu sein (auch im Bereich HR existieren ja mit einem Schlag Doppelbesetzungen von Stellen, die den möglichen Synergieeffekten zugerechnet werden müssen Ressourcen und Geschäftsprozesse zusammengeführt und »aligned« werden etc.): Das ist mit Sicherheit keine triviale Angelegenheit, auch wenn sich die Grundsituation bei genauerer Betrachtung nicht wesentlich von derjenigen der Führung unterscheidet, an die ja ganz ähnliche Anforderungen gestellt werden. Die Zuschreibungen und Erwartungshaltungen des Unternehmens bezüglich der sozialen Dimension einer Fusion gehen (ob zu Unrecht oder nicht) zunächst einmal in Richtung HR und werden dort je nach eigener strategischer Ausrichtung aufgegriffen und bearbeitet – oder an externe Dienstleister abgegeben.

Wenn wir an dieser Stelle vom Bereich HR sprechen, meinen wir übrigens in erster Linie nicht die klassische Funktion der Personaladministration. Diese zentrale Kernkompetenz (das traditionelle »Personalwesen«) ist selbstverständlich Teil der professionellen Personalarbeit eines Unternehmens; für die Auseinandersetzung mit dem Themenbereich »Veränderungsmanagement« sind allerdings eher die Funktionen einer Personal- und Organisationsentwicklung zuständig (PE/OE), die in Großunternehmen in der Regel eigenständig ausdifferenzierte Einheiten im Bereich Human Resources sind. Wir werden sehen, dass auch in unserem Fall diese Funktion sich in einer exponierten Schlüsselrolle bei der Implementierung der im Zusammenhang mit dem Merger stehenden Aktivitäten befand und die Balance von Selbstbetroffenheit und Führung immer wieder neu austarieren musste, um überhaupt handlungsfähig zu bleiben.

Zwei weitere Aspekte haben uns bewogen, die Arbeit des HR-Bereichs in den Blick einer »teilnehmenden Beobachtung« zu nehmen: Zum einen hatte der Autor unmittelbaren Zugang. Zum anderen war die Tatsache ausschlaggebend, dass kaum ein anderer Unternehmensbereich stärker dafür prädestiniert ist, sich mit »kulturellen« Fragestellungen auseinanderzusetzen. Anders als etwa in den Bereichen von Produktion, Vertrieb oder Forschung und Entwicklung herrscht hier traditionellerweise eine besondere Aufmerksamkeit bezüglich der kulturellen Komponenten des betrieblichen Miteinanders. Nicht dass in anderen Funktionsbereichen eines Unternehmens diesbezüglich Funkstille herrschte – die Aufmerksamkeit ist dort in der Regel einfach absorbiert von den jeweiligen Leistungsprozessen, und es ist entsprechend leichter, diese Dimension schlicht auszublenden. Anders im Bereich HR, dessen traditionelles Aufgabenspektrum das Thema »Kooperation der Belegschaft« explizit mit einbezieht. Wie in anderen Bereichen eines Unternehmens begegnen sich »Unternehmenskulturen« auch dort nicht bloß abstrakt, sondern in ihren konkreten Erscheinungsformen: als eingespielte Verhaltensmuster auf allen Seiten, als autonom funktionierende »stabile Gleichgewichte« mit langer, eigenständiger Geschichte. Im Bereich HR werden sie allerdings intensiver beobachtet, reflektiert, ausgewertet und auf mögliche Optionen hin überprüft. Die Begegnung mit dem »anderen« stellt dann gerade dort Grundsätzliches infrage: Wie gehen wir miteinander um? Welches sind die Regeln, die Codes, die Routinen, die das Verhalten der einzelnen Mitglieder determinieren? Und was passiert, wenn sich zwei eingespielte Systeme genau an dieser Stelle berühren?

Um uns einen Überblick über die merger-bedingten Aktivitäten im HR-Bereich der Region »Europe & North« zu verschaffen, müssen wir zunächst einen Blick zurück ins Jahr 2005 werfen. In dieser Zeit wurde auf dem Weg zu einer effizienteren HR-Organisation in beiden Unternehmen die Professionalisierung und Etablierung eines Leistungsportfolios vorangetrieben, das sich weitgehend an den Überlegungen von Dave Ulrich (1997) orientierte, einem weltweit anerkannten Experten für Positionierungsfragen des Personalbereichs, der an der *Ross School of Business* und der *Michigan University* unterrichtet.

Das Grundmodell von Dave Ulrich zeichnet sich durch die Reduktion der durchaus komplexen Personalarbeit auf vier Dimensionen aus, in denen HR jeweils entsprechende professionelle Expertise aufzubauen hat: »Strategic Partner«, »Change Agent«, »Administrative Partner« sowie »Employee Champion«.

Im Spannungsfeld zwischen Dienstleistungsangebot und »hoheitlichem Anspruch« hat ein zeitgemäßes Personalmanagement nach Ulrich in erster Linie die folgenden Aspekte zu berücksichtigen:

- Steuerung der »selbstverständlichen« personalwirtschaftlichen Prozesse (Personalbeschaffung, Abrechnung und Auszahlung, Personaldatenadministration, arbeitsrechtliche Prozeduren usw.) unter Einbezug von Prozess- und Kosteneffizienz
- Bereitstellung von geeigneten Prozessen, Instrumenten und Systemen, die Mitarbeiter und Führungskräfte dazu befähigen,

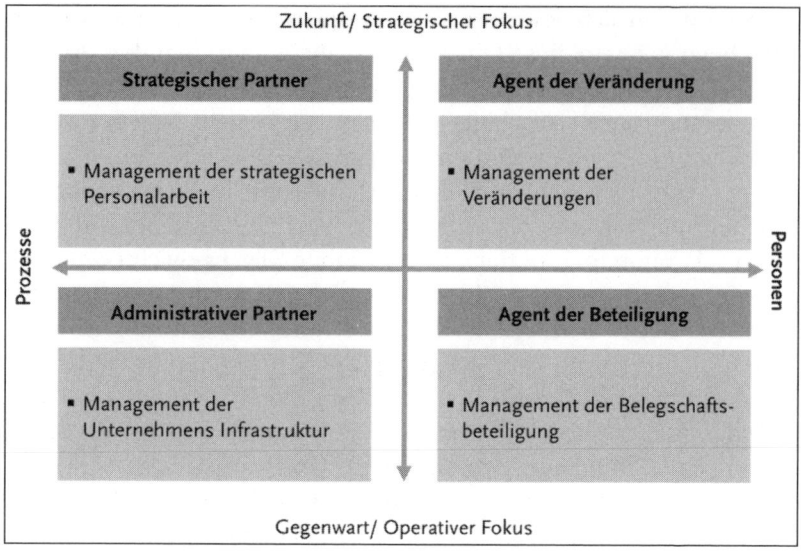

Abb. 3: HR-Rollen-Modell (nach Ulrich 1997)

im betrieblichen Leistungsprozess rollenadäquate Leistung zu erbringen.

Darüber hinaus ist HR aufgefordert:

- der Unternehmensführung gegenüber als kompetenter Gesprächspartner in allen Fragen der Bedarfsplanung und -deckung zur Verfügung zu stehen und hierbei die gängigen Mittel und Methoden des Controllings und des Berichtswesens auszuschöpfen
- in Veränderungsprozessen mit personalwirtschaftlichen Auswirkungen Infrastrukturen und Leistungen zur (kosten)optimalen Steuerung der erforderlichen Aktivitäten zur Verfügung zu stellen
- mit allen internen und externen Anspruchsgruppen (Arbeitsmarkt, Arbeitnehmervertretung usw.) einen strukturierten Informationsaustausch über alle personalbezogenen Anforderungen, Bedürfnisse und Problemlösungsmöglichkeiten zu führen.

Dieses Prozess- und Leistungsportfolio ist der gesamten Personalorganisation zuzuordnen; es beschreibt funktionale Dimensionen, keine personellen Kompetenzen. Nur so ist es möglich, das Modell des HR-Business-Partners als (theoretischen) Orientierungsrahmen für die faktische Aufbau- und Ablauforganisation des Personalressorts zu nutzen.

Wenn also auch zunächst unklar bleibt, wie die einzelnen Dimensionen und Rollendefinitionen auf die Kompetenzen von Mitarbeitern und Mitarbeiterinnen oder die konkrete Organisation des Personalbereichs umgebrochen werden können, so sorgt der Ansatz doch für eine angenehme Komplexitätsreduktion und erlaubt es, sowohl vonseiten des Managements als auch im internen Vergleich der strategischen Ausrichtung einzelner HR-Einheiten schnelle Zurechnungen vorzunehmen. Es versteht sich dabei von selbst, dass die Rolle des Business-Partners sowohl im Anspruch als auch in der Selbstbeschreibung gern dafür genutzt wird, der Personalarbeit den doch manchmal schmerzlich vermissten Drive im Ringen um den Anschluss an businessrelevante Management-Themen zu vermitteln. Sosehr es hierbei natürlich Sinn ergibt, das bestehende Personal eines Unternehmens als wichtiges strategisches Merkmal im globalen Wettbewerb zu sehen, sowenig ist die damit latent verbundene Abwertung der ebenfalls notwendigen administrativen Aufgaben des Personalressorts förderlich für eine ausgeglichene und ressourcenorientierte Bewertung des gesamten Aufgabenspektrums der HR-Arbeit.

Wie in vielen global aufgestellten Konzernen hatte man auch bei Alcatel und Lucent in Anlehnung an das von Ulrich entwickelte Rollenmodell damit begonnen, ein einheitliches Organisations- und Rollenverständnis im HR-Bereich zu implementieren. Weltweit einheitliche Strukturen (etwa beim Management Development), Prozesse (z. B. zur Talentidentifizierung und -förderung), Systeme (wie »Performance Management«) und Tools (z. B. ein Informationssystem zu Karriereentwicklung) und der Aufbau eines einheitlichen Sprachvorrats in der vielgliedrigen globalen Organisation (Corporate, Business Units, Regionen, Areas, Ländervertretungen) waren die wesentlichen Ziele dieses Vorhabens. Nicht nur mit Blick auf die bevorstehenden Veränderungen im Zuge des geplanten Merger, sondern auch hinsichtlich der Dynamik der gesamten Telekommunikationsbranche wurde in den HR-Bereichen sowohl von Alcatel als auch Lucent intensiv daran gearbeitet, die eigene Kompetenz in Richtung eines professionellen »Veränderungsmanagements« zu erweitern. Vor dem Hintergrund des Rollenmodells von Dave Ulrich ging es also darum, die Rolle von

HR als »Change Agent«, d. h. Treiber und Gestalter von Veränderungsprozessen, auszubauen.

Vor allem die Notwendigkeit einer professionellen Bewältigung der
in immer kürzeren Abständen hereinbrechenden radikalen Umbauten
ganzer Unternehmensbereiche aufgrund der sich verschärfenden
Wettbewerbsdynamik in der gesamten Telekommunikationsbranche
machte die Investitionen in den entsprechenden Aufbau interner Kapazitäten sinnvoll. Ein Blick auf die Statistik der Personalentwicklung
von Alcatel Deutschland veranschaulicht diese Dynamik: Aufgrund
von Marktbereinigungen und durch wachsenden Preisdruck ausgelöste Rationalisierungsmaßnahmen wurde das Stammpersonal zwischen
2001 und 2006 von 11 700 auf 3 400 Mitarbeiter reduziert. Kein Wunder, dass Veränderungen nicht nur in der Belegschaft, sondern auch
bei den meisten Personalverantwortlichen zunehmend gleichgesetzt
wurden mit Leistungsverdichtung und Personalabbau.

Nicht zuletzt die formale »Abwicklung« dieser Einsparungsmaß-
nahmen hatte die bestehenden Kapazitäten der Personalressorts weitgehend gebunden – für die Begleitung der damit einhergehenden
Verwerfungen und Irritationen, in der Regel Aufgabe eines Change-Managements, waren kaum noch Ressourcen verfügbar. Somit war abzusehen, dass eine Überlastung der Schlüsselspieler zu einer ernsthaften
Gefährdung nicht nur der Innovationsfähigkeit, sondern auch der bestehenden Routineprozesse im Gesamtunternehmen führen würde.

Mit Blick auf das ulrichsche Konzept des »Business-Partners«
wurde daher für die sich anbahnenden Veränderungen im Zuge der
Merger-Vorbereitung der Beitrag des Personalbereichs neu zuge-
schnitten. Die folgenden Kernfragen skizzieren die (zum Teil neuen)
Anforderungen an HR:

- Wie kann die Business-Strategie (Vision, Mission, Ziele) in
  Rollenprofile für Mitarbeiter übersetzt werden, damit jeder
  weiß, welches sein neuer Beitrag zur Strategieumsetzung ist?
  (»Strategic Partner«: gibt Orientierung.)
- Welche Prozesse, Systeme und Tools müssen zur Verfügung
  gestellt werden, damit einheitliche Steuerung und dadurch
  Arbeitseffizienz möglich sind? (»Administrative Partner«: gibt
  Stabilität.)
- Wie muss der Veränderungsprozess gestaltet werden, damit
  die Post-Merger-Dynamiken frühzeitig erkannt und gemanagt

werden können? (»Change Agent«: professioneller Umgang mit Konfliktdynamiken.)

- Wie kann eine Kultur des kontinuierlichen gemeinsamen Lernens im Sinne einer kontinuierlichen Selbsterneuerung entwickelt werden mit dem Ziel, letztlich die Einsatzbereitschaft und den Leistungswillen aller Mitarbeiter wirkungsvoll zu unterstützen? (»Employee Champion«: ermöglicht selbstgesteuertes Lernen.)

Abbildung 4, Teil einer vom deutschen HR-Bereich für Führungskräfte zusammengestellten Toolbox für die Gestaltung von Veränderungsprozessen im Zusammenhang mit dem laufenden Merger, lehnt sich an die hier vorgestellte Rollendifferenzierung an und wurde in den aufgesetzten Merger-Workshops immer wieder als Orientierungsrahmen dafür genutzt, die Auseinandersetzung mit notwendigen Unterstützungsaktivitäten zu befördern.

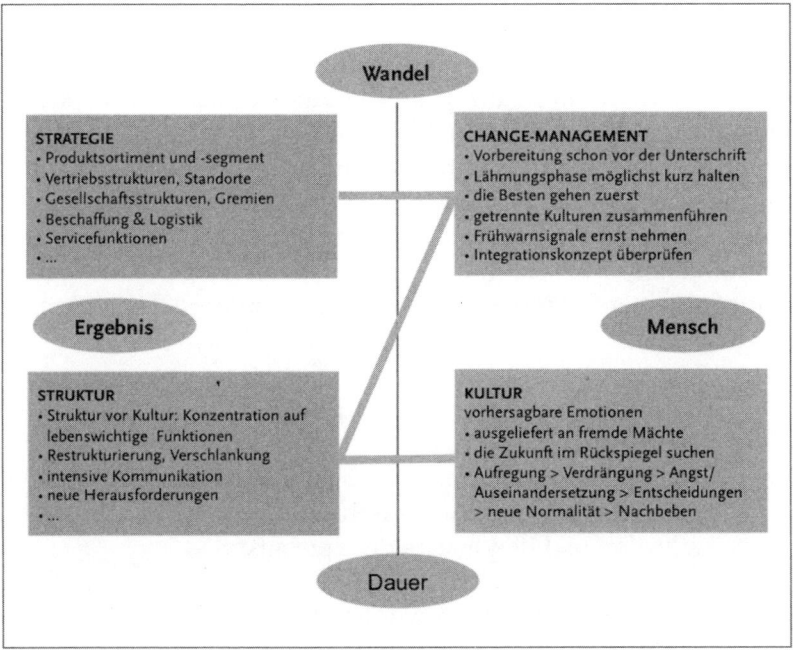

Abb. 4: Dimensionen der Veränderung: Ganzheitlich steuern, um schnell wieder arbeitsfähig zu werden

Die Arbeit mit dem Modell führte zu einem Umdenken der Personalbereiche bezüglich der eigenen Rolle bei der Unterstützung der laufenden Unternehmenstransformation. Wie dem permanenten Wandel
begegnen? Wie die Führungskräfte und Mitarbeiter dabei unterstützen? Wie den Wandel wirksam machen – und wie das Management zur
Bewältigung von »Dauer im Wandel« befähigen? Fragen über Fragen,
die bei etlichen HR-Verantwortlichen den Impuls auslösten, einen
eigenen Bereich für »Management- und Organisationsentwicklung«
zu schaffen, mit dem das Ziel verfolgt wurde, die Rolle des internen
»Change-Agent« weiterzuentwickeln. Eine Entscheidung, die in ihrer
Weitsichtigkeit mit der Ankündigung des Merger von Alcatel und
Lucent noch stärker bestätigt wurde.

Während im Jahr 2006 die Pre-Merger-Aktivitäten auf der Ebene
des Topmanagements in beiden Firmenzentralen bereits auf Hoch-
touren liefen, war der Merger auf der Ebene der lokalen HR-Orga-
nisationen gedanklich und emotional noch weit entfernt. Insofern
überrascht es nicht, dass den HR-Führungsteams in den Landesgesellschaften mit hoher Priorität das Handlungsfeld »Merger Alcatel/Lu-
cent« ins Stammbuch geschrieben wurde. Im HR-Team Deutschland
wurde der Handlungsauftrag auf die unterschiedlichen Personalfunktionen aufgeteilt. Während sich die Labour-Relations-Abteilung
bereits Gedanken zum vorangekündigten Personalabbau machte,
begannen die Mitarbeiter aus dem Experten- und Service-Team mit der
Vorbereitung der Prozess- und Tool-Integration. Das OD-Team (OD =
Organisationsentwicklung) erhielt den Auftrag, die HR-Community
in fünf Schritten auf ihre Rolle als »Business Partner/Change Agent«
vorzubereiten:

1. Kontakt und Kontrakt mit den Klienten
2. Daten sammeln und auswerten
3. Ergebnisse rückmelden, Aktionen/Interventionen planen
4. Aktionen/Interventionen umsetzen
5. Evaluation und Re-Iteration der Ergebnisse.

Zur Analyse der Ist-Situation wurden Interviews mit sämtlichen
Vorständen und Mitgliedern der erweiterten Geschäftsleitung sowie
Interviews mit rund 30 Vertretern aus dem Personalbereich geführt.
Wie zu erwarten, stellte sich dabei heraus, dass die Rolle »HR-Busi-
ness-Partner« bei den verantwortlichen Linienführungskräften der

einzelnen Geschäftseinheiten noch nicht verankert war. Überwiegend herrschte bei den meisten Führungskräften die Meinung, dass der Personalbereich sie bei der Administration von Personalfragen zu unterstützen und mit den notwendigen Personalzahlen zu versorgen hätte. Gleichzeitig wurden die Personalbetreuer, die sich in mehreren Workshops mit dem Ideal des Rollenmodells von Dave Ulrich auseinandergesetzt hatten, das Gefühl nicht los, die Rolle eines »Personalpolizisten« innezuhaben, eines Ordnungsorgans, das die Führungskräfte in den Business Units drängen musste, die Anwendung der vom Headquarter geforderten Personalsysteme und -tools durchzusetzen. Der partnerschaftliche Blick auf die Notwendigkeit, sowohl das Management bei seinen wirtschaftlichen Zielen zu unterstützen als auch für eine professionelle Umsetzung von zentralen Vorgaben zu sorgen, war wenig ausgeprägt. Unterschiedliche Rollenverständnisse und Schwerpunktsetzungen standen sich zunächst diametral gegenüber – man fand sich in einer Pattsituation wieder, die geprägt war von der Verteidigung der eigenen Situation und des eigenen Rollenverständnisses. Der Rückzug in die Begrenzungen der eigenen Einheit war die vorherrschende Bewegung, defensive Routinen und wechselseitige Vorurteilszuschreibungen bestimmten das Tagesgeschehen: der Elfenbeinturm des »Zentralen Personalbereichs« auf der einen und die auf den Vorteil im Geschäft Bedachten auf der anderen Seite.

Was sich im Nachgang als erster Vorgeschmack auf die bald darauf einsetzende Schismogenese des Gesamtunternehmens erwies, wurde mit zunehmenden Integrationsbemühungen zunächst auf Konzernebene bei Alcatel und später in der »neuen« Alcatel-Lucent-Kultur zu einem prägenden Verhaltensmerkmal. Abgrenzen und bewahren, die eigenen Stärken wenn möglich in den Vordergrund rücken: So lässt sich die Kernstrategie der vom Merger betroffenen Einheiten kurz und prägnant zusammenfassen. Wo setzt man in der sich konsequent entfaltenden Immunreaktion den Hebel an? Zwischen dem eigenen Anspruch, den zunehmend unter Druck geratenden Führungskräften mit entsprechendem Rat zur Seite zu stehen, und der (Selbst-)Beschäftigung mit der Ausgestaltung der neuen Rolle als »HR-Business-Partner« klaffte eine Lücke, die es mit klarer Positionierung zu füllen galt. Quo vadis, HR? Angetreten als Rollenmodell und Vorbild für eine proaktive Gestaltung des Merger, war nun die Wirkungsmacht der Personaleinheiten in Gefahr.

Um eine seriöse Grundlage für die eigene Positionierung zu legen, hatte man im Sommer 2006 eine Organisations- und Kultur-diagnose der Alcatel Deutschland vorbereitet und durchgeführt. Auf der Grundlage der Ergebnisse, die im August 2006 vorlagen, wurde vom OD-Team mit externer Unterstützung ein Konzept zur »HR-Bereichs-Entwicklung« entworfen. Die Präsentation des Konzepts im HR-Führungsteam wurde zugleich als erste Intervention genutzt: Anstelle der üblichen PowerPoint-Folien wurde ein handgemaltes Bilderbuch mit handschriftlichen Kommentaren und anonymisierten Originalkommentaren vorgestellt; dies geschah in der Hoffnung, dem Topmanagement durch eine direkte und unmittelbare Ansprache das Geschehen in der eigenen Organisation auf eindrückliche Art und Weise nahezubringen.

In den Ergebnissen der qualitativen Befragung wurde deutlich, dass die Grundlogik des bevorstehenden Merger von den meisten HR-Mitarbeitern noch mit sehr viel Skepsis gesehen und mit klar erkennbaren Schismogenese-Tendenzen interpretiert wurde.

Die Auswertung und Verdichtung der gesammelten Daten er-folgte im Rahmen einer »Eisbergdarstellung«: als deutlicher Hin-weis auf die untergründige Gefahr defensiver Routinen, die sich aus nicht thematisierten Emotionen, wie z. B. Ängsten und Be-fürchtungen, speisen. Das Ziel dieses Vorgehens war selbstredend: es ging darum, dem Topmanagement den Spiegel vorzuhalten und damit einen Handlungsanlass zu provozieren, der weitere Maßnah-men zur Bearbeitung der sich abzeichnenden Dynamik nach sich ziehen würde.

Über der Oberfläche des Wassers, in dem der hypothetische Eis-berg schwamm, waren folgende Aussagen zu finden:

- »Wir können gut restrukturieren!«
- HR-Handlungsfelder werden bei uns mit KPIs gemessen (KPIs = Key Performance Indicators – Schlüsselfaktoren der Leistungserbringung).
- Unsere Stärke ist die Qualität.
- Hier kann ich selbständig arbeiten.
- Auf dem HR-Sommerfest verstehen wir uns gut.
- Drei unserer HR-Führungskräfte sind im Executive Committee in Deutschland vertreten, wir haben doch Einfluss – oder?

Unter der Wasseroberfläche sah es allerdings schon etwas anders aus, wie folgende Aussagen belegen:

- Bei uns geht es zu bürokratisch zu.
- Keiner tut dem anderen weh ... ja nichts kritisch hinterfragen.
- Unsere Stärke ist die individuelle Power einzelner Persönlichkeiten im HR-Bereich.
- Wir haben uns nach 2004 räumlich verändert, aber mental sind wir dieselben geblieben.
- Was erwarten eigentlich meine HR-Führungskräfte von mir? Abwarten und Vorgaben des Headquarter bedienen.
- Wir fordern immer stärkere internationale Zusammenarbeit, obwohl wir national noch nicht eng genug zusammenarbeiten.
- Ich kenne die Ziele der HR-Transformation 2004 bis heute noch nicht.
- Was ist eigentlich HR-Business-Partner genau?
- Obwohl wir in Deutschland nur noch die Größe eines Mittelständlers haben, schleppen wir im Unternehmen und auch im HR-Bereich noch Strukturen der Vergangenheit mit uns herum.
- Die sind doch gar keine Business-Partner (neues Türschild, alte Verhaltensweisen).
- Die in ihrem Elfenbeinturm in ...
- Wir sind nicht diszipliniert genug im Umsetzen.

Bezogen auf den anstehenden Merger, gab es schließlich folgende Aussagen:

- Abwarten, so viel ändert sich sowieso nicht.
- Wenn ich nur jemanden zum Reden hätte ...
- Was bedeutet Lucent für mich ganz persönlich?
- Wie gehe ich am besten mit dem Merger um?
- Gibt es mich morgen überhaupt noch?
- Es geht sowieso wieder nur um Headcount, d. h. Personalreduzierung.
- Wir haben ein »marodes« Unternehmen gekauft ... siehe Quartalszahlen ... die melden ständig Gewinne ab.
- Wir müssten uns bereits heute vorbereiten und enger abstimmen.

- Ich bin in keinen internationalen Arbeitsprojekt eingebunden.
- Die Strukturen bekommen wir doch sowieso diktiert.
- Wir haben ja doch keinen Einfluss.

Abgeleitet aus den O-Tönen, wurde ein zweites Dokument unter der Überschrift »Ermutigungen zum ›Andersmachen‹« kreiert, das insbesondere den Mitarbeitern und Mitarbeiterinnen im Personalbereich Orientierung für das eigene Handeln geben und die bestehenden defensiven Muster, wo nur irgend möglich, unterbrechen sollte. Die dort getroffenen Aussagen waren Grundlage für eine Vielzahl von Miniworkshops und Abteilungstreffen im Personalbereich der Alcatel Deutschland.

Ermutigungen zum »Andersmachen«

1. Fokus auf »Was braucht das Business?«
- Alignment mit dem Business = sich die Beauftragung zum HR-Business-Partner geben lassen.
- Linien-Manager bei der Erarbeitung neuer Themen früh einbinden, nicht vor vollendete Tatsachen stellen.
- Führung bei der Beurteilung nicht aussparen, kritisches Feedback geben und Business-Erfolg messen.
- Zukünftige Herausforderungen frühzeitig im Business triggern (z. B. »Fit for Post-Merger Integration« – was machen wir diesbezüglich heute bereits für das Business?).
- Raus aus dem Elfenbeinturm der zentralen Personalentwicklung: Was bringen die Konzepte dem Business?
- Weg vom Image »HR = Überbringer schlechter Nachrichten/ Kontrolleure«, hin zu »… sind Gestalter und stellen nebenbei die Ordnungspolitik sicher«.

2. Streiten um die »besten« Lösungen
- Weg von vordergründiger Harmonie und vorschneller Konsenssuche. Gemeinsam Vorgehensstrategien entwickeln und dann erst loslegen.
- Beste Lösung mit Blick auf Business und Machbarkeit durch HR.

- Methodisch lösen, z. B. durch »SAULUS«: Situation > Auswirkungen > Ursachen > Lösungen > Umsetzung > Sicherstellen (hilft, beim Streiten sachlich zu bleiben).
- Finger in der Wunde lassen (Beispiel: Gespräche im Zuge der Management-Audits, erst ist alles in Ordnung, nach zwei Stunden findet man doch noch Verbesserungspunkte).
- Offenes Feedback, z. B. nach Meetings: Was kann man anders/besser machen? (Hier fängt Change an.)
- Offenheit; Einblick in den eigenen Bereich zulassen statt Rückzug praktizieren.

3. *Einbindung der Kompetenzträger aller Ebenen*
- Kompetenz vor Hierarchie, dadurch kurze Abstimmungs- und Entscheidungsprozesse.
- Ownership? Wer ist verantwortlich?
- Es gibt zwar Kommunikationskreise im HR-Bereich, in sie sind jedoch ausschließlich Führungskräfte involviert. Wann kommen die relevanten Informationen bei allen anderen im HR-Bereich an?
- Bei neuen Themen diskutieren i. d. R. zuerst HR-Führungskräfte, dadurch langwierige Prozesse. Warum nicht gleich die Kompetenzträger aller Ebenen einbinden?

4. *»Weniger ist mehr!«*
- 80 %-Lösungen anstreben und auf dem »fahrenden Zug weiterentwickeln« (KISS: Keep it simple and smart).
- Perfektionsstreben und Idealismus reduzieren, nicht zu viele Themen parallel beackern.
- Nicht zu schnell in die Details gehen. Zuerst klären, was wirklich erwartet wird.
- Prioritäten setzen: Merger-Integration muss allem Platz machen!
- Sich stärker mit den Personen beschäftigen, sie wirklich kennen statt nur die Datenbanken zu nutzen und Diagnostiktools einzusetzen.

5. *Schnell und konsequent umsetzen*
- Schnell = die richtige Geschwindigkeit! Nicht: Tempo über alles.

- Commitment heißt umsetzen!
- Verantwortlich sein heißt dranbleiben, bis es funktioniert.
- Handlungsorientiert denken: Was muss konkret getan werden, wie geht es? (Von PowerPoint/Abstraktion zu Excel/Operation.)

Mit weitreichender Voraussicht wurde damit innerhalb der HR Community Deutschland bereits früh eine Programmatik identifiziert und als Lernfeld markiert, die ein Jahr später (Post-Merger-Reorganisation, Oktober 2007) unter den Begriffen »Simplicity, Empowerment, Accountability« und »Driving Profitable Growth« als Leitmaxime der Region EMEA (Europe, Middle East, Asia) für das gesamte Unternehmen gelten sollte. In den Zeitraum der Planung der daraus abgeleiteten Interventionen (später »HR-Bereichsentwicklung« genannt) fiel dann der Startschuss für den Beginn der Integrationsbemühungen zwischen Alcatel und Lucent: die Aufforderung aus dem Headquarter in Paris (Alcatel), gemeinsam mit den Kollegen und Kolleginnen von Lucent (Nürnberg) die bestehenden Prozesse und Geschäftsmodelle auf mögliche Synergien zu überprüfen und entsprechende Vorschläge zu Optimierung vorzubereiten. Damit war offiziell die Pre-Merger-Phase eröffnet.

Die ersten Begegnungen

August 2006 – in Stuttgart trifft erstmals eine kleine Gruppe von Lucent-Mitarbeitern aus Nürnberg ein, die sich mit dem Themenfeld Management- und Personalentwicklung (PE) beschäftigen. Was in den ersten Gesprächen sofort ins Auge sticht: Bei Lucent arbeiten explizit keine Personalentwickler. Stattdessen ist diese Funktion fest in den Verantwortungsbereich der Personalbetreuer integriert, die zusätzlich zu ihren administrativen Betreuungsaufgaben auch für Fachthemen wie etwa die Personalentwicklung zuständig sind. Insgesamt wird deutlich, dass – anders als bei Alcatel – bei Lucent Deutschland eine Vielzahl von Aufgaben an externe Lieferanten delegiert ist, d. h., die Zahl der intern angestellten Mitarbeiter variiert entsprechend stark – aus der Sicht der Alcatel Deutschland kein gutes Vorzeichen für die ins Auge zu fassenden Optimierungsprozesse. Ebenso ins Auge springen die unterschiedlichen Ausrichtungen der beiden Personalfunktionen.

Während bei Lucent eine eher zentralistische Vorgehensweise üblich ist – es geht vorwiegend um die Umsetzung der Vorgaben aus der amerikanischen Zentrale mit wenig Spielraum für lokale Adaptionen und einem klaren Fokus auf standardisierten Prozessabläufen –, wird bei Alcatel das Engagement für die ausschließlich für Deutschland bzw. Zentral- und Osteuropa (selbst)entwickelten PE-Prozesse und -Tools hochgehalten. Damit sind Konfliktlinien vorprogrammiert, die bis hin zur Existenzfrage für die Funktion der Personal- und Organisationsentwicklung überhaupt reichen. Erste Bedenken entstehen, werden aber nur sehr zögerlich angesprochen. Noch überwiegen die Freude über und vor allem Neugier auf die Zusammenarbeit mit den neuen Kolleginnen und Kollegen. Getragen von der Hoffnung, die Stellen für die lokale, operative PE/OE auch im neuen, gemeinsamen Unternehmen beibehalten zu können und aus Sicht der Lucent-Kollegen endlich wieder individuellere, auf die lokalen Bedürfnisse der Mitarbeiter in Nürnberg zugeschnittene PE betreiben zu können, verabschiedet man sich.

Bis weit in den September 2006 hinein werden immer wieder einzelne Gespräche geführt, die gepaart sind mit der Bearbeitung der Daten der Kulturanalyse bei Alcatel Deutschland. Immer wieder treten daraus neue Erkenntnisse auf, verknüpft mit neuen Gerüchten und Informationen über den geplanten Merger. Aus der Entwicklung eines schlüssigen und schlagkräftigen Konzeptes scheint ein nicht mehr zu Ende gehender Prozess zu werden. Während sich die HR Community »chronisch unterinformiert« fühlt, schreitet der Merger auf der globalen Ebene mit großen Schritten voran. Damit wächst konsequenterweise das Bedürfnis im HR-Team beider Unternehmen, sich bei einem gemeinsamen Treffen über die aktuelle Situationseinschätzung wie auch die offensichtlichen Konsequenzen auszutauschen.

Im Gespräch mit dem Personalvorstand von Alcatel Deutschland entsteht bei der Präsentation der Ergebnisse der Kulturanalyse die Idee, einen gemeinsamen Workshop mit den Kollegen und Kolleginnen der HR-Abteilung von Lucent Deutschland durchzuführen. Wiewohl die vom Information Programme Office (IPO) ausgegebene offizielle Vorgabe lautet, sich vor dem Day One nur inoffiziell zu treffen, verdichten sich die Gerüchte, dass beide Organisationen im Hintergrund voll damit beschäftigt sind, den Day One bereits im Oktober 2006 durchzuführen. Offizielle Marschrichtung hin oder her: Für den HR-Bereich wird es höchste Zeit, sich auf den bevorstehenden

Unternehmenszusammenschluss vorzubereiten. Passend zur Pre-Merger-Phase und der Wertschätzung beider zu diesem Zeitpunkt noch eigenständigen Unternehmen wird unter dem Titel »Bewährtes wirksam und Neues möglich machen« die Planung für einen gemeinsamen Workshop aufgenommen, zu dem sämtliche HR-Mitarbeiter beider deutschen Gesellschaften eingeladen sind: ca. 80 Personen von Alcatel SEL (die auch die HR-Verantwortung für die Region Zentral- und Osteuropa tragen) und zehn (!) HR-Mitarbeiter der Lucent Technologies, die am deutschen Standort in Nürnberg beschäftigt sind. Die Durchführung dieses Großgruppenevents wird zu einem Schlüsselmoment der Pre-Merger-Phase, bei dem wie unter einem Brennglas die Entwicklung von schismogenetischen Tendenzen der geplanten Integrationsbemühungen beobachtbar wird.

Das Fazit des Workshop lautete: Kultur verändern heißt, nicht mehr nach den Regeln zu spielen, die man in Zukunft verändern will. Nur so kann man bestehende Muster unterbrechen und außerhalb der üblichen Gewohnheiten neue Perspektiven in Bezug auf Verhaltensweisen eröffnen. Wesentliches Ergebnis des gemeinsamen Austausches ist letztendlich die Einsicht in die Verschiedenheit der beiden HR-Einheiten. In einer Zusammenfassung wird deutlich, wie sehr sich die bisherige Personalarbeit auf der strukturellen, aber auch auf der prozessualen Ebene unterscheidet. Die beiden daraus resultierenden Unternehmenskulturen laden zu ganz unterschiedlichen Mustern ein, was die Bewältigung der zunehmend sichtbarer werdenden Merger-Dynamik betrifft (siehe die folgende Übersicht).

Am Ende dieses Ereignisses sah man dann durchaus zufriedene Gesichter bei den Teilnehmern und Teilnehmerinnen. Gesichter, in denen Hoffnung und Zuversicht, allerdings auch Zweifel eingeschrieben waren. Zweifel vor allem bezüglich der Bewältigung der vielfachen Anforderungen, sich im Verlauf eines ja nicht gerade trivialen globalen Merger zum HR-Business-Partner des Managements von Alcatel & Lucent zu entwickeln, ohne sich dabei durch die Tücken der Doppelrolle von Gestalter und Betroffener komplett lähmen zu lassen.

Lucent HR	Alcatel HR
Closely linked to the **business**: First question of a HR-Business-Partners is: »What's the added value for the business?«	**Very expert** oriented and conceptual
	To try to **get to the bottom** of their work
Down to earth, very pragmatic: First question is: »Howdoes it work?«	Very **proud** of implemented **corporate HR processes** and tools in the last two years
Very **convinced and proud** of what they do (power spirit)	**Hierarchy** is more important
Exceptional **team spirit. Competence** is more important than hierarchy. Fast flowing Information	Well **involved in corporate** HR networks (Comp & Ben, Management Development etc.)
HR model **centralized** and a lot of outsourced HR resources	HR model **decentralized** and a lot of experts
Afraid of **HR manpowerat Alcatel** (take over?)	To be afraid of very **lean HR structure** at **Lucent** (will we loose our jobs?)
Open minded but with **distance** to **upcoming events**	Open minded (**to upcoming events**)
»We would like to **participate on Alcatel** manpower in HR key issues on a local basis, e. g. Management Development«	»We would like to **learn from Lucent** HR-Business-Partner thinking like added value for the business«

Die Frage nach den nächsten Schritten, bereits gestellt aus der Einsicht heraus, dass sich die Schismogenese anbahnt, wird unterschiedlich beantwortet.

How can we use our differences in HR (instead of too much integration)?
Lucent: e. g. clear processes & responsibilities, fast decisions, meeting culture of efficiency, fast information flow
Alcatel: e. g. try to get to the bottom, involvement in corporate working teams, expert know how in the local units

Es geht los: Aufbruchsstimmung

Lässt man die Ausgangssituation in beiden HR-Bereichen auf sich wirken, so wird deutlich, dass es zu Beginn des Fusionsprozesses trotz der unterschiedlichen Ausgangslage beider Funktionen durchaus realistisch schien, einen gemeinsam getragenen Prozess der »Integration durch Differenzierung« zu entwickeln. Die Ähnlichkeiten in den Herausforderungen für beide Bereiche wie auch die bislang praktizierten Unterschiede in der Problembearbeitung, aber vor allem die Reflexionskapazitäten auf beiden Seiten legen zumindest zum Beginn der Annäherung nahe, sich nicht in den bereitliegenden Fallstricken der bereits in Gang gesetzten Schismogenese zu verfangen. Wie in den anderen Funktionsbereichen auch, setzte sich allerdings die strukturell verankerte Dynamik der wechselseitigen Abgrenzung mit zunehmendem Druck in Richtung einer möglichst vollständigen Integration durch. »What is in it for me?« wurde die vorherrschende Frage. Anstelle des neugierigen Umgangs mit den Anregungen durch das andere rückten – auch genährt durch die immer wieder neue Faktenlage bezüglich des fortlaufenden Personalabbaus – existenzielle Fragen in den Vordergrund: Wo werde ich bleiben? Was wird am Ende für mich dabei herausspringen? Werde ich Chef oder der andere? Werde ich gestaltender HR-Business-Partner oder lediglich Ausführungsorgan der zentralen und regionalen HR-Verantwortlichen? Fragen also, die nicht mehr gespeist wurden von dem gemeinsamen Interesse an der Entwicklung der größeren Einheit, sondern sich in erster Linie damit beschäftigten, die eigene Position zu sichern.

Im November 2006 kam erstmals der im Verlauf des Initialworkshops entstandene HR-Steuerkreis zu einer konstituierenden Sitzung zusammen und nahm seine Arbeit auf. Der Auftrag für diesen Kreis lautete, den Pre-Merger aktiv zu unterstützen – möglichst unter Absehung von Befindlichkeiten, die durch die eigene Betroffenheit (Personalabbau auch im HR-Bereich) hervorgerufen sein könnten. Parallel dazu arbeitete ein weiteres Team, das sich »HR-Integrationsteam« nannte, an der inhaltlichen Integration der Personalprozesse, -systeme und -tools. In der Auseinandersetzung mit dem eigenen Rollenverständnis legte sich der Steuerkreis darauf fest, Experte zu sein für die Unterstützung aller Führungskräfte und Mitarbeiter des Personalbereichs in dem sich immer konturierter abzeichnenden Veränderungsprozess. »Fit for Merger« lautete das Arbeitsmotto, unter dem sämtliche Personalmitarbeiter zu Workshops eingeladen wurden, sie sollten dort mit dem Einmaleins des Change-Managements in Merger-Situationen vertraut gemacht werden. Das daraufhin entwickelte Programm mit dem Titel »Lost in Transition?« fand zunächst regen Zuspruch bei Mitarbeitern und Führungskräften. Eine erste Beruhigung der Lage zeichnete sich ab – die allerdings durch die Ankündigung immer neuer Personalabbaumaßnahmen sofort wieder irritiert wurde. Die insbesondere in Deutschland hohe Zahl an Freistellungen ließ auch die Ressourcen im HR-Bereich schrumpfen. Die Abwicklung der eingeleiteten Restrukturierungsmaßnahmen überstrahlte alle anderen Aktivitäten – für Change-Management und die Entwicklung von Post-Merger-Programmen blieb schlussendlich wenig bis gar keine Zeit.

An der grundlegenden Ausgangssituation und den Anforderungen an HR hatte sich bis zur offiziellen Verlautbarung des Merger – dem Day One – nichts geändert: HR rang weiterhin mit seiner Sandwichposition in der Doppelrolle als Change Agent der Führungskräfte bei ihren PMI-Prozessen sowie als Gestalter des PMI-Prozesses in den eigenen Reihen. Zwischen Beratung und Betroffenheit changierend, waren viele Mitarbeiter des Personalbereichs überlastet; die eingesetzten Unterstützungsmaßnahmen (etwa eine Ausbildung zum Change Agent oder die Entwicklung einer Toolbox für Veränderungsaktivitäten) gewannen nur langsam an Wirkung, das Gros der Mannschaft wie auch die verantwortlichen Führungskräfte waren mit der personalseitigen Bearbeitung der anstehenden Entlassungen und Umbesetzungen ausgelastet. Tabelle 1 gibt einen guten Eindruck vom Aufgabenspektrum und von den damit verbundenen Doppelbelastungen des HR-Bereichs (siehe Tab. 1).

Während Integrationsteams in allen Fachbereichen ab November an Rollout-Plänen für die Post-Merger-Phase arbeiteten, schmiedete ein Team von HR-Experten an Plänen und Prozessen zum Thema »Learning & Development«. In Kenntnis der fehlenden Ressourcen bei der Begleitung von Führungskräften im sich abzeichnenden Veränderungsprozess setzte sich diese Arbeitsgruppe das Ziel, ein Bündel von Unterstützungsmaßnahmen für HR-Business-Partner zu erarbeiten, das im November, also noch rechtzeitig vor dem Day One, in diversen Telefonkonferenzen und Net-Meetings besprochen und verabschiedet wurde: Der Startschuss für eine gemeinsam genutzte Online-Plattform und die Erstellung eines »Resource Guide« für die

Den Integrationsprozess im Business beraten (HR-Business-Partner)	Den Integrationsprozess im HR-Bereich steuern (zugleich vom Merger Betroffener)
• Vision, Mission, Strategie und Ziele des Konzerns/der Region und der Business Unit verstehen • vorgegebenes Business-Modell und das darauf basierende Organisations-Modell der Region verstehen • Gestaltung der Prozesse und Organisationsstrukturen • Headcount-Mapping • Definition von Anforderungsprofilen • Personalauswahl/-besetzung • Rollout der vorgegebenen Business-Prozesse, -Systeme und -Tools • Personalabbau in den Bereichen	• Vision, Mission, Strategie und Ziele des Business/der Region und von Corporate-HR verstehen • vorgegebenes Business-Modell und das darauf basierende Corporate-HR und Regional-HR-Modell verstehen • Gestaltung der HR-Prozesse und -Organisationsstrukturen • Headcount Mapping im HR-Bereich • Definition von HR-Anforderungsprofilen • Personalauswahl/-besetzung im HR-Bereich • Rollout der vorgegebenen HR-Prozesse, -Systeme und -Tools • Personalabbau im HR-Bereich
Additional Change Management: Masterplan- bzw. Projektsteuerung, durchgängige Kommunikation, Feedbackschleifen (Pulse Surveys), Teamentwicklung, Steuerung von Gruppen-/Konfliktdynamiken etc.	

Tab. 1: Doppelbelastung des HR-Bereichs

mit der Zusammenführung unterschiedlichster Einheiten verantwortlich beauftragten Führungskräfte war gefallen.

Stellenbesetzungen und die Mergers-of-Equals-Logik

Parallel zu den Bemühungen der OD-Experten beider Unternehmen waren jedoch in beiden Unternehmen bereits in der Pre-Merger-Phase hochkonfliktäre Dynamiken zu beobachten, die sich naturgemäß vor allem an der Besetzung der Stellen in der neuen Organisationsstruktur entzündeten. Da Anzahl, Bewertung und Besetzung von Stellen im Organisationsgefüge zu den wichtigen Entscheidungsprämissen gehören, die jeweils weitgehende Folgeentscheidungen nach sich ziehen, verwundert es nicht, dass neben all den konstruktiven Bemühungen um eine möglichst effektive Gestaltung des Merger an genau dieser Stelle die ersten konkreten Verwerfungen auftraten, die dann Anlass und Nahrung für alle Arten von schismogenetischen Reaktionen waren. Jenseits aller positiven Merger-Rhetorik, aller veröffentlichten Verlautbarungen und regelmäßig wiederholten Chancenbetrachtungen rückte mit zunehmender Konkretisierung der Fusionsabsichten die Frage nach der Sicherung bestehender Positionen und Einflussbereiche in den Vordergrund. Angefacht von Gerüchten über einen anstehenden Personalabbau (Stichwort: Synergiepotenziale!) wurde die Frage nach dem eigenen Überleben der verantwortlichen Führungskräfte zunehmend relevanter. Unter der Oberfläche des »offiziellen« Stellenbesetzungsprozesses entspann sich Schritt für Schritt ein Machtkampf zwischen beiden Unternehmen, in dem es letztlich darum ging, wer im Unternehmen das Sagen hat: Ex-Alcatel oder Ex-Lucent. Aufgrund der *top down* verkündeten Regelung, die Stellenbesetzungen in der deutschen Geschäftseinheit entsprechend dem ursprünglichen Anteil der Personalressourcen beider Unternehmen durchzuführen (d. h. etwa 3:1 zugunsten von Alcatel), kam der Merger of Equals aus der Sicht des HR-Bereichs von Lucent Deutschland eher einer Übernahme durch Alcatel gleich.

Auch wenn sämtliche Stellen zunächst (ähnlich wie bei einer Neugründung) nach einem stringenten Auswahlprozess von oben nach unten neu besetzt werden mussten und die Besetzung dabei immer abwechselnd zwischen Alcatel- und Lucent-Mitarbeitern erfolgen sollte: Diese Prämissen besaßen umso weniger Bedeutung, je tiefer man auf den entsprechenden Hierarchiestufen agierte und dabei in das lokale Geflecht von Kompetenzzuschreibungen, Ressourcenabwägungen und Personalverfügbarkeiten der lokalen Einheiten geriet. Bereits durch die unterschiedliche Personalstärke, mit der beide Unternehmen an den Start gegangen waren, wurde die Absicht einer halbwegs symmetrischen Personalbesetzungspolitik vor allem auf der lokalen Arbeitsebene zunichtegemacht. So war es nur eine Frage der Zeit, bis unvermeidbare Asymmetrien auftraten und erstmals Assimilationsgefühle bei den betroffenen lokalen Einheiten bzw. Teams das Tagesgeschäft zu stören begannen. Die merger-bedingten Konfliktdynamiken erschienen je nach Situation der betroffenen Länder und Bereiche in den unterschiedlichsten Formen. Gemeinsam war ihnen allen, dass die Blaupausen und rational durchdachten Integrationspläne in dem Moment ins Stocken kamen, als sich aus den Bekundungen des verantwortlichen Topmanagements die ersten Konturen einer konkreten Umsetzung herauszukristallisieren begannen und in den Blick der davon Betroffenen rückten.

Get Real: der 1. Dezember 2006

Auch wenn sich die Haltung der Mitarbeiter und Mitarbeiterinnen beider Unternehmen in Deutschland seit der Ankündigung des Merger vor genau acht Monaten inzwischen verändert hatte: Der Day One war durchaus ein bedeutsames Datum. Von diesem Tag an war man formal in einem neuen Unternehmen tätig und hatte (je nach Perspektive) rund 56 000 bzw. 33 000 neue Kolleginnen und Kollegen – Alcatel-Lucent war Realität geworden.

Mit einem Mousepad, das an diesem Tag an alle Mitarbeiter und Mitarbeiterinnen ausgeteilt wurde, wurde die Belegschaft eingeladen, das Ereignis entsprechend zur Kenntnis zu nehmen. In den einzelnen Bereichen versammelte man sich zum gemeinsamen Frühstück, tauschte Informationen und Einschätzungen aus und vergewisserte sich der neuesten Gerüchte. Am Nachmittag des 1.12.2006, pünktlich um 15:45 Uhr, war es dann so weit. Per Internet wurden die Konzernzentrale in Paris (die zugleich eines von vier regionalen Headquartern war) sowie die anderen drei regionalen Headquarter, »New Jersey« (Ex-Lucent), »Shanghai« (Ex-Alcatel) und »Antwerpen« (Ex-Alcatel), zu einem Live-Videocast zusammengeschaltet.

Aus Paris wurde via Bildschirm eine feierliche Atmosphäre übermittelt, ebenso aus den anderen Zentralen, wobei der Blick der deutschen Mitarbeiter und Führungskräfte an diesem Nachmittag besonders auf den Standort in Antwerpen gerichtet war: Einerseits weil Antwerpen zukünftig das auch für die deutsche Niederlassung relevante Headquarter der Region »Europe & North« sein sollte, andererseits weil Stuttgart im Rennen um die Wahl des HQ den Kürzeren gezogen hatte. Zumindest für die Belange der deutschen Landesgesellschaft gab es jedoch an diesem Tag noch kaum konkrete Pläne. Wir hatten bereits angedeutet, dass der globale Merger aufgrund formaler Voraussetzungen in den einzelnen Ländergesellschaften durchaus ein anderes Timing hatte. Und in der Tat, der juristische Day One für die Alcatel-Lucent Deutschland AG fand erst im Juni 2007 statt, d. h. fast sieben Monate später: Am offiziellen Day One hatten also rund 95 %

der deutschen Belegschaft noch keine Klarheit über ihre persönliche Zukunft.

Nichtsdestoweniger fand Ende Dezember 2006 eine Kick-off-Veranstaltung zumindest mit der gesamten deutschen Vertriebsmannschaft statt. Das Ziel: Einschwören auf die Vertriebsziele im »Übergangsjahr 2007« und Kennenlernen der neu zusammengesetzten Teams. Übungen zum Team Building wechselten sich daher ab mit konkreten arbeitsbezogenen Sequenzen. Am Ende der Veranstaltung wurde schließlich die Roadmap für den Transformationsprozess der »Regional Unit Germany« kommuniziert.

Der HR-Bereich nimmt Fahrt auf

Zu Beginn des Jahres 2007 wurde dann auch für die HR-Organisation die im Headquarter beschlossene Neustrukturierung auf Corporate- und Regionalebene bekannt gegeben. Wie zu erwarten, setzte sich das HR-Business-Partner-Modell als strategischer Fokus durch. Einzelne Expertenfunktionen wurden sowohl auf zentraler wie auch regionaler Ebene eingerichtet, so auch die für die Begleitung der mit dem Merger verknüpften Veränderungen verantwortliche Organisationsentwicklung (OD). Insgesamt vier OD-Consultants, verantwortlich für je eine Weltregion, wurden in einem globalen OD-Team zusammengefasst und berichteten direkt an das zentrale »Integration Team«. Für die Region Europe & North berichtete die entsprechende OD-Funktion zugleich an die Regionschefin HR. Die mit dieser Umstrukturierung einhergehende Ressourcen-Reallokation bewirkte allerdings, dass es auf lokaler HR-Ebene keine OD-Funktion mehr gab. Der im Herbst 2006 begonnene Prozess einer lokalen HR-Bereichsentwicklung (»Fit for Merger«) schlief daher mit diesen strukturellen Festlegungen weitgehend ein. Parallel dazu wurde allerdings ein von Global OD entwickeltes weltweites »Change Agent Network« und Entwicklungsprogramm zur Unterstützung der HR-Business-Partner gestartet, auf das wir noch gleich zu sprechen kommen werden.

Dessen ungeachtet, kamen die Auswirkungen des Merger mit Beginn des neuen Jahres mit zunehmender Intensität auch in den HR-Bereichen der deutschen Standorte an. Die Steuerung der einzelnen Maßnahmen – vorwiegend Personalabbau, Stellenumbesetzungen und Konsolidierung einzelner Geschäftsprozesse – im Bereich HR erfolgte über einen Masterplan, der vom Topmanagement der Zentrale

3 Der Merger aus der Sicht von HR

»Europe & North« entwickelt und entsprechend vorgegeben wurde. In der Folge musste die geplante Integration der Prozesse und Systeme im Personalbereich zunächst hintangestellt werden, die Unterstützung der »hilflosen Helfer« durch entsprechende Qualifizierungen zu Change Agents musste den vielfachen Aktivitäten der Abwicklung des beschlossenen Personalabbaus weichen.

Mit Blick auf die Funktion der Personal- und Organisationsentwicklung wurde das regionale OD-Team neu gegründet. Drei Experten von Ex-Lucent und ein Ex-Alcatel-Mitarbeiter sollten sich auf Wunsch der Personalleitung unter Ex-Lucent-Führung fortan um die Bewältigung der vielfältigen Post-Merger-Dynamiken kümmern und entsprechende Maßnahmen dafür entwickeln, wie der absehbaren Verschärfung der schismogenetischen Immunreaktionen zu begegnen sei. Mit einer globalen Mitarbeiterbefragung, dem »PMI Pulse Survey«, wurde bereits die Grundlage für einen bedarfsgerechten Organisationsentwicklungsprozess geschaffen. Auf der Basis der analysierten Befragungsergebnisse und der daraus abgeleiteten Hypothesen wurden interessierten Führungskräften Maßnahmen empfohlen und ein »Resource Guide« entwickelt, der allen HR-Business-Partnern in den Regionen und Ländern zur Verfügung gestellt wurde. Im Herbst 2007 wurde allerdings eine weitere Reorganisation der zum Day One beschlossenen Reorganisation durchgeführt – darauf kommen wir gleich noch zu sprechen. Im Zuge der angestrebten Strukturverschlankung (aus vier wurden zwei Weltregionen, das Europe/North HR Leadership Team wurde Teil der EMEA Region und ging im dortigen HR-Team auf, Deutschland wurde unter Führung Großbritanniens Teil der »Regional Unit« North/West) wurde das bestehende regionale OD-Team komplett in das globale OD-Team überführt. Auf regionaler bzw. lokaler Ebene gab es damit wiederum keine OD-Spezialisten mehr.

Die globale Steuerung aller Veränderungsaktivitäten im weiteren Verlauf der Post-Merger-Phase war dann konsequenterweise hauptsächlich durch standardisierte Vorgehensweisen und Werkzeuge geprägt, die auf der Ebene des Topmanagements beschlossen und mit entsprechendem Nachdruck in die Gesamtorganisation ausgerollt wurden. Die Stichworte zu den entwickelten Maßnahmen lauten:

- *Culture Wizzard* (Juli 2007) – ein Tool zur Erstellung von interkulturellen Teamprofilen, mit dem das Lernen im Umgang mit Mitarbeitern aus anderen Kulturen befördert werden sollte.

- *Change Agent Network* (Januar 2008) – ein virtuelles Netzwerk, bestehend aus Mitgliedern der weltweiten HR Community (primär beteiligten sich HR-Business-Partner aus allen Kontinenten) und interessierten Business Leaders. Die im firmeninternen Intranet aufgesetzte Plattform verstand sich als Heimathafen der »Change Community« und diente vorwiegend dem Austausch von Erfahrungen und Methoden-Know-how.
- *Management Convention Day* (Februar 2008) – ein Treffen der »Top-450-Führungskräfte« des Konzerns. Das Forum diente der Orientierung hinsichtlich Konzern- und Bereichsstrategien, dem Einschwören auf die Jahresziele und der Auseinandersetzung mit Fach- und Führungsthemen.
- *The Human Side of Transformation* (März 2008) – eine Webseite im Intranet, auf die sämtliche Mitarbeiter und Mitarbeiterinnen von Alcatel-Lucent Zugriff haben und auf der Materialien rund um das Thema »Transformation Management« verfügbar sind (z. B. Fachartikel, Success Stories von ALU-Change-Prozessen, E-Learning-Tools, Checklisten, Handlungsanleitungen zur Steuerung von Change-Prozessen etc.).

Als eine Art Nebenprodukt entstand im Rahmen der zentral gesteuerten Post-Merger-Aktivitäten im Personalbereich ein hoher Bedarf an (regionaler) Qualifizierung zum HR-Business-Partner. Mehr und mehr wurde deutlich, dass die Begleitung der vielen Veränderungen ein kritischer Erfolgsfaktor für den Ablauf der Integration war, auf den die zuständigen Personalfunktionen allerdings oft nur unzureichend vorbereitet waren. Durch die im Rahmen der Mitarbeiterbefragungen entstandene Einsicht in die bestehende Motivationslage eines Großteils der Belegschaft wurde der Ruf nach lokalen Unterstützungsmaßnahmen durch HR lauter. Verstärkte Aktivitäten in Richtung der »Human Resources« sollten den Kurs stabilisieren – Wasser auf die Mühlen der deutschen OD-Experten, die sich durch die wiederaufgenommenen Professionalisierungsbemühungen in ihrem ursprünglichen Anliegen bestätigt sahen.

Die neue strategische Ausrichtung spiegelte sich auch in dem Aufgabenprofil von HR wider, das sich signifikant veränderte – von der Abarbeitung administrativer Aufgaben hin zu businessrelevanten Dimensionen, die allesamt um das Thema »Leistungsverdichtung« kreisten und eng an die Gesamtstrategie des Unternehmens angebunden waren.

Der aktuelle Schwerpunkt im Bereich der administrativen HR-Aufgaben sollte sich deutlich zugunsten der Beratungsaufgaben verschieben. Die Analyse der Performance einzelner Organisationseinheiten und die Beratung bei der Entwicklung und Umsetzung von Business-Strategien sollten zukünftig im Fokus eines HR-Business-Partners stehen. In letzter Konsequenz würde das auch bedeuten, dass ein HR-Business-Partner zukünftig das Repertoire an Tools im Zusammenhang mit den Themen »Veränderungsmanagement« und »Organisationsentwicklung« beherrschen sollte.

So zumindest die Theorie, die in den Köpfen der Top-Entscheider stringent dem Modell von Dave Ulrich folgte. Die Praxis vor Ort freilich sah über weite Strecken anders aus.

Schismogenese im HR-Leadership-Team

Natürlich hatte die im Gesamtunternehmen sich entfaltende Dynamik der Schismogenese auch im Personalbereich niedergeschlagen. Wir hatten bereits erwähnt, dass die Doppelrolle der HR-Experten als Unterstützer und Betroffene keinerlei Garantie für einen professionellen Umgang mit der spezifischen Dynamik der Veränderungen im laufenden Fusionsprozess bot. Im Gegenteil: Aufgrund des Überforderungscharakters dieser Doppelbelastung sowie der angespannten Ressourcenlage bot der HR-Bereich eine Vielfalt an Arenen für die sich entfaltenden Kräfte der wechselseitigen Immunreaktion. Symptomatisch dafür war die Entwicklung des HR-Leadership-Teams der Region »Europe & North«. Das erste Meeting zur Konstitution des Arbeitsteams schien von Beginn an unter dem Motto »Let's storm together« zu verlaufen. Bereits bei der Veröffentlichung des HR-Organigramms konnte man in den Äußerungen eine nicht gerade zugewandte Haltung erkennen. Und obwohl das Team anfangs ausgeglichen aus beiden ehemaligen Unternehmen zusammengesetzt war, war bei diesem ersten Zusammentreffen schnell zu spüren, dass Personen zusammengekommen waren, die sich entweder als »Winner«, »Loser« oder »Neutrale« betrachteten. Die »Winner« waren diejenigen, die in der Hierarchie gestiegen oder zumindest gleichgeblieben waren, »Loser« diejenigen, die aufgrund der neuen Hierarchie an Macht und Einfluss verloren hatten; und glücklicherweise gab es noch einige wenige, die dem ganzen Treffen eher neutral und daher schon optimistisch gegenüberstanden.

Bei solchen Treffen kamen erstmals negative Reaktionen gegen das zentralistisch ausgerichtete Organisationsmodell auf. Die Mitarbeiter von Ex-Alcatel, die eine eher dezentrale Struktur und ein hohes Maß an Entscheidungsfreiheit gewohnt waren, sahen sich durch das neue Strukturmodell in ihren Handlungs- und Entscheidungsspielräumen beschnitten. Die Situation führte schließlich zu einer lebhaften Auseinandersetzung zwischen der neuen Team-Chefin als Vertreterin des neuen HR-Modells (einschließlich der regionalen HR-Business-Partner) und den lokalen HR-Verantwortlichen der einzelnen Länder dieser Region. Zwei Welten und damit zwei Ansichten prallten in diesen ersten Begegnung aufeinander: Verständlicherweise wollten die lokalen Personalchefs der Länder den größtmöglichen Einfluss zurückgewinnen, um die eigene Führungsposition – immer mit Verweis auf die eigene, schutzbedürftige Belegschaft – zu legitimieren. Die eigene Rolle einzig in der Exekution von Anweisungen der zentralen Funktionen zu sehen und damit zum reinen Erfüllungsgehilfen bei der Durchsetzung von Entscheidungen zu werden entsprach weder dem Selbstbild noch der Tradition dieser Funktion. Die ein halbes Jahr nach Konstituierung des Teams von den Teammitgliedern selbst durchgeführte SWOT-Analyse stellte den Mehrwert der regionalen HR-Struktur offen infrage. Der Widerstand gegen die zentrale Steuerung der meisten Arbeitsprozesse war nicht mehr zu übersehen. Je mehr die Verantwortlichen der zentralen Einheiten auf die Umsetzung der geplanten Maßnahmen drängten, desto entschlossener verteidigten die lokalen HR-Verantwortlichen ihre spezifischen Eigenheiten, sie und hatten dabei vielfach den lokalen Kontext auf ihrer Seite (etwa die jeweiligen nationalen Gesetze und arbeitsrechtlichen Festlegungen).

Die Situation spitzte sich zu, als die ersten Mitglieder des regionalen HR-Führungsteams (zunächst von Ex-Lucent, später auch von Ex-Alcatel) das Unternehmen verließen. Eine erste Kündigungswelle betraf nicht nur das Gesamtunternehmen, sondern auch diejenigen, zu deren Aufgabe es gehörte, die Führungskräfte nach Möglichkeit dabei zu unterstützen, genau diese Welle zu verhindern. Der Brain-Drain erfasste all diejenigen, die sich mit den neuen Strukturen und Prozessen von Beginn an nicht anfreunden konnten bzw. wollten, aber auch die neu zusammengestellten Teams, in denen man sich aufgrund der wechselseitigen Blockaden nicht mehr arbeitsfähig fühlte. Dazu kam die ernüchternde Tatsache, dass die vermeintlichen »Verlierer« der neuen Organisationsstruktur in vielen Fällen nur auf eine passende Gelegenheit gewartet hatten, um dem längst gefassten Entschluss, das Unternehmen zu verlassen, auch Taten folgen zu lassen. Eine erfolgreiche Zeit für die vielen Dienstleister und Headhunter, die ihr Geld mit der Vermittlung von Personal verdienten – und ein großes Problem für die Begleitung des Merger und das laufende Tagesgeschäft.

Verstärkt wurde die sich aufbauende Dynamik der Schismogenese durch die Vielzahl an zeitgleich zu bewältigenden Projekten und Prozessen, die im HR-Bereich ausgerollt wurden. Wiewohl jeder Einzelfall von großer strategischer Bedeutung war, führte die schiere Menge an zentral eingespielten (Sonder-)Themen zu einer Selbstblockade in der Abarbeitung. Compensation & Benefits, Job Levelling, Global Performance Management, Global Pulse Survey, die Harmonisierung der HR-IT-Systeme – all die durch die Komplexität der globalen Fusion notwendigerweise aufgeworfenen Aufgaben kamen zusätzlich zum Tagesgeschäft hinzu und mussten aufgrund der zentralen Rahmenvorgaben jedes Mal auf nationaler Ebene adaptiert werden. All dies geschah vor dem Hintergrund der laufenden Personalreduktion, von der natürlich auch der Personalbereich betroffen war. Die brisante Mischung aus Überforderung, knappen Ressourcen, neuem und daher ungewohntem Rollenverständnis, unüberschaubaren Aufgaben und schismogenetischen Tendenzen führte zu einer inneren Zerreißprobe für die verantwortlichen Führungskräfte im Personalbereich, die ja (wie bereits schon ausgeführt) selbst in zweifacher Hinsicht von den Auswirkungen des Merger betroffen waren: Es galt einerseits, Personalprozesse zu implementieren und zu harmonisieren sowie den Personalabbau in den eigenen Reihen zur Kenntnis zu nehmen und andererseits die Mitarbeiter und Führungskräfte in den einzelnen Geschäftsbereichen bei genau den gleichen Herausforderungen und Konfliktdynamiken mit Change-Management-Expertise zu unterstützen.

Statt in den in allen Konzepten der Post-Merger-Integration geforderten Prozess der zunehmenden Annäherung einzutauchen, fand bei den Spezialisten für solche Veränderungsprozesse das genaue Gegenteil statt. Die Lagerbildung nahm zu, statt Integration bestimmte das Beharren auf den jeweils identitätsstiftenden eigenen Merkmalen und Symbolen das Tagesgeschäft. Festgemacht an scheinbar unwichtigen kulturellen Details wie Kleiderordnung und Anrede, wurde der Ausweis der eigenen Zugehörigkeit zu einem Ritual, das freilich nur als

Ausdruck für die dahinterliegende Logik der Schismogenese gedeutet werden kann. Während die Führungskräfte von Ex-Lucent leger und meist ohne Krawatte auftraten, dokumentierten die Manager von Ex-Alcatel ihre Herkunft durch ein betont klassisches Auftreten in Anzug und Krawatte. Auch wenn dies auf Mitarbeiterebene ein eher untergeordnetes Thema blieb, so war es auf den Management-Etagen ein durchaus probates Mittel, zu demonstrieren, welcher Kultur und Geschichte man sich angehörig fühlte. Am Gebrauch des amerikanischen »Du« ließ sich Ähnliches feststellen. Während sich einige Teams gleich zu Beginn kurz, aber eben offen und direkt damit auseinandersetzten und eine für alle passende Umgangsregel fanden, wurde das Thema in anderen Bereichen zunächst tabuisiert, was zu besonderen Formen höflicher Kommunikation führte, deren Sachebene dazu missbraucht wurde, Beziehungsbotschaften zu transportieren.

Ermattet von fraglichen Kommunikationsritualen, fand man zum Ende des ersten Post-Merger-Jahres einen mehr oder weniger pragmatischen Umgang mit den bestehenden Unterschieden. Man zog sich zunehmend auf den kleinsten gemeinsamen Nenner einer für Zwecke der Positions- und Identitätsmarkierung eingesetzten *cultural diversity* zurück, wie die ernüchternde Einschätzung einer Führungskraft zeigt:

> »Primär wichtig ist, wie wir uns in unserem Team, bei uns zu Hause verhalten und welche Spielregeln bei uns gelten. Wir sind doch den ganzen Tag zusammen – ein Kulturdiktat in Form von ›Corporate Values‹ hilft uns vielleicht bei der Orientierung, aber nicht, um tagesrelevante und operative Verhaltensnormen abzuleiten und zu kultivieren.«

Natürlich konnte in diesem Zusammenhang auch der Umgang mit eher allgemeinen nationalkulturellen Unterschieden daraufhin beobachtet werden, wie interne Zugehörigkeiten in der jeweiligen Abgrenzung konstruiert bzw. stabilisiert wurden. Zwischen den üblichen Stereotypen und dem individuell ausgeprägten Arbeits- und Führungsstil angesiedelt, waren die immer wieder ins Spiel gebrachten kulturellen Unterschiede Anlass für die fortwährende Reproduktion der Rituale der Zugehörigkeit, mit denen die intendierten Prozesse der Integration unterlaufen und die Schismogenese der beteiligten Einheiten befördert wurde. So wurde etwa eine amerikanische Führungskraft konsequenterweise daraufhin beobachtet, inwieweit sie ziel-, prozess-, aber eben auch teamorientiert arbeitete und dabei die Kontrolle der

Zielerreichung am Ende eines vereinbarten Arbeitsschritts nicht vergaß. Durch die impliziten wie expliziten wechselseitigen Erwartungszuschreibungen stabilisierte man Verhaltensmuster, mit denen man die bestehenden Vorurteile nährte und damit zu berechenbaren Größen machte, um im fortwährend laufenden Grenzmanagement den jeweiligen Grenzverlauf eindeutig zu markieren.

Wie im Lehrbuch führte das damit in Gang gesetzte Erwartungsmanagement zu genau den Ergebnissen, mit denen man im Sinne der ins Spiel gebrachten Vor-Urteile bereits zu rechnen gelernt hatte: Bei »den Amerikanern« waren Diskussionen eher kurz und auf die wesentlichen Einflussgrößen eines Themas begrenzt, während bei »den Franzosen« das Wohlbefinden des Teams und das soziale Miteinander die Basis für längere und manchmal auch zähe und weniger zielführend wirkende Diskussionen war. Dazu passend dann die klassische Rolle »der Deutschen«, von denen man ja wusste, dass sie sich mit der ziel- und teamorientierten Arbeitsweise der Amerikaner tendenziell schnell anfreunden können, jedoch den Schwerpunkt immer auch auf eine ausführliche Vorbereitung und umfassende sowie gut strukturierte Planung setzen.

Wie immer in solchen zirkulär erzeugten und reproduzierten Kommunikationszusammenhängen erübrigt sich auch hier die Frage nach Ursache und Wirkung. Vorurteil und konkretes Verhalten korrespondierten miteinander, und indem sie wechselseitig aufeinander verwiesen, entstand eine soziale Realität, mit der dieser Verweisungszusammenhang immer wieder neu bestätigt und stabilisiert wurde. Während etwa der erste Präsident der Region Europe & North, »ein Amerikaner in Europa«, auf die Einbindung einer möglichst großen Anzahl von Führungskräften und Experten unterschiedlicher Hierarchieebenen drängte, reduzierte sein französischer Nachfolger diese Zahl auf ein Mindestmaß und spielte seine Anliegen nach streng hierarchischen Vorgaben in die Organisation ein. Müßig, darüber nachzudenken, ob beide Führungskräfte einfach nur das taten, was von ihnen erwartet wurde, oder aber aufgrund ihrer (kulturell geprägten) Eigenheiten die entsprechenden Erwartungen erst schürten ...

In einer ähnlichen rekursiven Schleife wurde auch die Auseinandersetzung um die Rolle der HR-Experten geführt. Während diese – zumindest in der Wahrnehmung der Betroffenen – zum Start des

Merger als Spezialisten in Sachen Change-Management und Team Building gefragt und vom amerikanischen Präsidenten in »Europe & North« regelrecht angefordert wurden, legte sein französischer Nachfolger deutlich größeren Wert auf eine schnelle Abwicklung des Personalabbauprogramms und die operative Personalarbeit. Entsprechend tauchte bei beiden Top-Managern der Bereich Personal noch auf dem Organigramm des Leadership-Teams auf, während beim nächsten Nachfolger, einem Kanadier, die merger-spezifische Arbeit des Personalbereichs gar keine große Rolle mehr zu spielen schien und daher gänzlich aus den regionalen Organigrammen genommen und auf die globale bzw. lokale Ebene zurückgedrängt wurde. Da mit der Klarheit der eigenen Rolle immer auch die jeweiligen Zuständigkeiten, Verantwortlichkeiten und Handlungsspielräume abgesteckt werden, führte die Unsicherheit bezüglich der wechselnden Prioritäten in der Zuschreibung zu einer abwartenden Grundhaltung: »Was darf ich, und was darf ich nicht?«

Während im einen Fall die jeweiligen Experten und Führungskräfte auf Konzernebene bereits schon tätig waren, fehlte für dieselben Personen auf nationaler Ebene das entsprechende Kästchen im Organigramm, d. h. die Information, die eine Organisation ihren Mitgliedern zu Verfügung stellt, um sie über ihren Platz im Gesamtgefüge zu informieren. Die damit einhergehenden Irritationen sind leicht nachzuvollziehen: Wie muss ich als Führungskraft die Vielzahl der eben spezifischen Informationen so filtern, dass ich den unterschiedlichen Erwartungen und Notwendigkeiten gerecht werde? Worüber kann, soll, muss ich in meinem Team schon informieren, und in welchen Fällen ist es sinnvoll und angemessen, damit noch zu warten? Wo ist mit Blick auf meine Organisationszugehörigkeit der Platz, an dem ich meine Zugehörigkeit und damit auch Bindung an das Unternehmen leben kann? In welchen Kontexten fühle ich mich »zuhause«, und wo muss ich damit rechnen, von unvorhersehbaren Entwicklungen überrascht zu werden?

Die unterschiedlichen Rollen und damit einhergehenden Verantwortlichkeiten hatten eine Komplexität erreicht, die es allen Beteiligten im HR-Bereich schwermachte, selbst den Überblick zu bewahren und damit Orientierung für andere zu geben.

Selbst der Versuch der Reduktion dieser Komplexität durch Formulierung einfacher »Dos and Don'ts« geriet vor diesem Hintergrund zu einem schwierigen Unterfangen, das zumindest aus der Sicht der Betroffenen nur mühsam vor dem Absturz in Zynismus bewahrt werden konnte. Es fällt nicht schwer, den Appell an den Teamgeist und die Aufforderung, bei der ganzen Sache doch den Spaß nicht zu vergessen, auch als Hinweis auf die Hilflosigkeit der zuständigen Manager zu verstehen.

Kein Wunder jedenfalls, dass die laufende Verwischung sicherheitsstiftender Grenzen an den kulturellen Präferenzen festgemacht und entsprechend den jeweils handelnden Personen an der Spitze des Unternehmens attribuiert wurde. Ebenso wenig verwundert auch die Haltung, mit der dieser grundlegenden Unsicherheit jenseits aller Zuschreibungsversuche im Alltag begegnet wurde: »Wir warten, bis die da oben uns konkret sagen, wann wir worüber informieren sollen.« Was aber tun, wenn das unabsehbar lang dauert? Und gar nicht auszudenken der Fall, dass auch »da oben« die Sachlage so komplex geworden ist, dass alle Versuche, mit klaren Anweisungen und strengem Durchgriff komplexitätsreduzierend zu wirken, zum Scheitern verurteilt sind.

Wenn all diese Stricke reißen, Orientierung also weder aus der Sicherheit bewährter Routinen noch aus dem hoffnungsvollen Blinzeln auf Entscheidungen übergeordneter Instanzen hergestellt werden kann: Welcher soziale Mechanismus übernimmt die Funktion ordnungsstiftender Momente im ansonsten unruhigen Fahrwasser eskalierender (kultureller) Konflikte?

Statt an der geplanten Integration zweier Unternehmen zu arbeiten, sahen sich die Beteiligten von der Wucht der Schismogenese überrollt. Fast schon lehrbuchhaft fallen hier Theorie und Praxis, besser jedoch: unterschiedliche Theoriekonzepte auseinander – einerseits die vom Topmanagement (und von den für die Konzeption und Begleitung des Merger verpflichteten externen Beratungshäusern) verfochtene Überzeugung, dass konsequente Integration die einzige Möglichkeit sei, die versprochenen Synergiepotenziale zwischen beiden Unternehmen tatsächlich zu heben, und andererseits die in der Einführung zu diesem Buch entfaltete und theoretisch unterlegte Einsicht in die paradoxe Natur aller Integrationsbemühungen. Jenseits des Wünschenswerten zeigte sich im konkreten Alltag des neuen

Unternehmens in immer wieder neuen Wiederholungen, was die hier ins Spiel gebrachte Denkfigur der Schismogenese konkret bedeutete. »Mein Haus, mein Garten, meine Mitarbeiter ...« – so lässt sich die in dieser Zeit vorherrschende Stimmung auf den Punkt bringen. Keiner will am Ende als Verlierer dastehen. Und war da nicht bereits vor neun Monaten die Rede von dramatischen Personalreduzierungen? Man spricht von 12 500 Mitarbeitern, die das Unternehmen verlassen müssen, eine Zahl, die mit den Überlappungen der einzelnen Funktionen erklärt wird. Es gilt die Regel »win-lose« statt »win-win«. Nur, wer entscheidet? Strenge Staffing-Leitlinien und Kriterien zur Personalauswahl sollen helfen, die Maxime hierbei bleibt »Best of both«. Eine Frau, ein Mann, ein Lucent-Mitarbeiter, ein Alcatel-Mitarbeiter, und dann wieder von vorne – was wie simple Arithmetik aussieht, funktionierte in der Praxis leider nicht.

Auch wenn auf den obersten Management-Ebenen der Ehrgeiz, eine paritätische Stellenverteilung zu erreichen, noch gegriffen hatte, so wurde diese von den lokalen und regionalen Praktiken längst ad absurdum geführt. Das Motto hieß: Wer die Mehrheit hat, hat das Sagen. Und wer das Sagen hat, der gibt den entsprechenden Arbeits- und Führungsstil vor. Corporate Values, Vision, Mission, Leadership Principles – alles lag in Papierform vor und verstellte damit oftmals den Blick auf eine Realität, die sich so gar nicht nach den mit viel Aufwand erstellten »Charts« und »Guiding Principles« richtete. Der Alltag im Unternehmen sprach seine eigene Sprache: »Mehr ist eben besser«, und wo man sich nicht einigen konnte, wurden einfach die Kriterien beider *former companies* festgehalten oder eben aus einer Stelle zwei gemacht. Mit zunehmender Entfernung vom Machtzentrum zerbrachen so die Intentionen des Topmanagements, was zu ersten *easy compromises* führte, die – weil für alle sichtbar – wiederum eine weitere Erosion der legitimen Ansprüche an einen »ordnungsgemäß ablaufenden Merger« zur Folge hatte. Die Kräfte der Schismogenese entfalteten in dieser Zeit ein unheilvolles Spiel, und nur wenige Ereignisse gaben der Hoffnung Auftrieb, dass die Experten der HR-Bereiche oder auch die verantwortlichen Führungskräfte in der Lage seien, dieser Dynamik Einhalt zu gebieten.

Mit dem Kamel durchs Nadelöhr: der weitere Entwicklungsprozess im HR-Bereich

Während das Jahr 2007 in den meisten Landesgesellschaften der ALU (Alcatel & Lucent) aus der Perspektive des Personalbereichs im Zeichen von Restrukturierungen stand (Verhandlungen mit den Sozialpartnern, Recovery-Programm, Outplacement-Beratung, Exit-Gespräche etc.), lag der Schwerpunkt der Aktivitäten im Jahr 2008 auf der »Verschmelzung« der bestehenden Prozesse, Systeme und Tools aus der HR-Welt beider Ex-Unternehmen. Die sich überschlagenden Ereignisse verschärften die bereits angespannte Situation der für die Begleitung des Merger zuständigen lokalen Einheiten jedoch nochmals dramatisch: Die laufende Restrukturierung, People-Management, Compensation & Benefits und weitere Insourcing-Projekte (wie z. B. der ePlus-Netzbetrieb in Deutschland, der ab 1.3.2007 ebenfalls in die ALU integriert werden musste) – die Parallelität dieser Projekte kam dem sprichwörtlichen »Ritt auf dem Kamel durch ein Nadelöhr« gleich, so zumindest die Einschätzung des für Deutschland verantwortlichen Personalvorstands. Allein die schiere Anzahl der von oben vorgegebenen Projekte überstieg die Möglichkeiten des bereits vom *head count* betroffenen HR-Teams und führte, einer sich selbst hinabschaukelnden Abwärtsspirale gleich, zu weiteren Personalabgängen und damit noch größerer Leistungsverdichtung bei den verbleibenden Köpfen.

Ein Teufelskreis, der sich im globalen wie auch lokalen Zusammenhang festsetzte und mit den dann einlaufenden negativen Schlagzeilen bezüglich der wirtschaftlichen Erfolge auch immer wieder neue Nahrung erhielt.

Der Versuch, ab Mitte 2007 mithilfe eines eigenständigen HR Strategieentwicklungsprozesses der Komplexität der miteinander zusammenhängenden Ereignisse Herr zu werden und dabei gleichzeitig näher an das Geschäft der jeweiligen managerialen Counterparts heranzukommen, führte zu Ergebnissen, die ihrerseits wieder den Komplexitätslevel in die Höhe schrauben. Angesichts der operativen Belastungen sowohl der für das einbrechende Ergebnis verantwortlichen Manager als auch der mit den geschilderten Belastungen konfrontierten HR-Experten entfaltete dieser Versuch über die Konzeptphase hinaus nur wenig Wirkung.

Um diesem Teufelskreis etwas entgegenzusetzen, wurden den einzelnen Ländern vonseiten der zentralen »Corporate HR« schließlich vier Aufgabenschwerpunkte vorgegeben, die im Jahr 2008 mit besonderer Priorität zu bearbeiten waren:

- *Compensation & Benefits*: d. h. die Einführung eines weltweit einheitlichen Job-Levelling- und Grading-Systems, das als Basis für einheitliche Gehaltsentwicklungen und zur Unterstützung eines einheitlichen Compensation-Review-Prozesses dienen sollte.
- *HR Efficiency & Transformation:* Entwicklung einer weltweit einheitlichen SAP-Landschaft für sämtliche HR-Prozesse, bei denen Daten erfasst, transferiert und verarbeitet werden müssen. Dadurch sollte der Administrationsaufwand zukünftig reduziert und zugunsten der strategischen Beraterrolle eines HR-Business-Partners verschoben werden.
- *Change Management & Revitalization:* Implementierung der Webpage »Human Side of Transformation« und Etablierung des »Change Agents Network«.
- *Talent Management:* Etablierung eines einheitlichen Prozesses zur Identifizierung und Entwicklung der Talente im Unternehmen, genannt »Organization & People Review«.

Betrachtet man das Jahr 2008 aus einer distanten Perspektive, lässt sich zunächst konstatieren, dass es mit der Fokussierung auf diese zentral priorisierten HR-Prozesse und -Projekte gelang, die zersplitterten und ausgedünnten Kräfte der einzelnen Einheiten wieder stärker zu bündeln – wenngleich man dazu auch festhalten muss, dass sich dabei in großen Teilen die bereits bestehenden Verfahren und Systeme der ehemaligen Alcatel durchgesetzt hatten und damit natürlich weiteren Anlass für vielfache interne Verwerfungen und Positionierungskämpfe gaben. Aus dieser Verstrickung von wohlmeinenden zentralen Absichten und kontraproduktiven lokalen Umsetzungen (oder, je nach Perspektive: kontraproduktiven zentralen Absichten und wohlmeinenden lokalen Umsetzungen) schien kein Ausweg zu führen. Strukturell vorgegeben und durch das Thema der Integration immer wieder angeheizt, beschäftigte diese Auseinandersetzung zunehmend mehr Ressourcen – und blieb dabei natürlich in keiner Weise auf den Bereich HR beschränkt.

Als wichtige Ausnahme hiervon ist allerdings die technische Integration der vielen Teilsysteme zu nennen, die in der neuen ALU-Welt im Bereich HR bis dahin unverbunden nebeneinanderexistierten. Es galt, diese Vielfalt in ein neues, eigenständiges System zu überführen: in eine weltweit einheitliche SAP-HR-Plattform. Interessanterweise war dieser Schritt ein wichtiger Meilenstein, mit dessen Setzung dem der Integrationsprozess in Richtung »One Company« – beginnend auf der technischen Ebene – neuen Schwung bekam. Die Wirkung eines einheitlichen IT-Systems, mit dem sämtliche User gezwungen wurden, in einer gemeinsamen Systemwelt zu arbeiten, d. h. nach global einheitlichen Prinzipien, Abläufen, Standards etc., darf in diesem Zusammenhang – trotz all der damit verbundenen Herausforderungen – auf keinen Fall unterschätzt werden. Die Einführung eines für alle Beteiligten neuen technischen Standards ist ein eindrucksvolles Beispiel für die aus dem Konzept der Schismogenese abgeleitete Vermutung, dass überall dort, wo Prozesse, Systeme etc. quasi als etwas Drittes neu und gemeinsam gestaltet werden, d. h. ohne dass jeweils auf bereits bestehende Lösungen aus einem der beiden Unternehmen zurückgegriffen werden kann, die »defensiven Routinen« einer sich selbst verstärkenden Immunreaktion mit Abstand weniger stark ausgeprägt sind. Da man gezwungen ist, von Beginn an in einer für alle Beteiligten »neuen Welt« zu arbeiten (da in der »alten Welt« schlicht nicht auf bereits eingespielte Problembearbeitungsroutinen zurückgegriffen werden konnte), bauen sich die oben beschriebenen Blockaden und Abwehrstrategien im Zusammenspiel der Beteiligten gar nicht erst auf.

Statt Integration also die gemeinsame Kreation von etwas Neuem – auch in unserem Fall wird deutlich, dass dies für das Gelingen einer Unternehmensfusion ein wesentlicher Erfolgsfaktor ist. Und auch wenn dies selbstredend nicht für alle Prozesse und Strukturen sinnvoll und möglich sein wird: Allein mit solchen punktuellen Erfolgsbeispielen werden für alle Beteiligten sichtbare Referenzen geschaffen, auf die im laufenden Prozessieren der gemeinsamen Annäherung verwiesen werden kann. »Es geht doch!«, lautet dann die implizite Botschaft, die gleichzeitig Optionsräume für die Beobachtung weiterer Ausnahmen als auch Modelle für mögliche Entblockierungsstrategien liefert. Wo immer es also aus dem Unternehmenskontext heraus sinnvoll und möglich erscheint, auf die Wahl einer bereits bestehenden Routine zu verzichten und stattdessen mit Beteiligung beider Unternehmen eine neue Form der Problembearbeitung und Leistungserbringung zu entwickeln, steigen die Chancen für eine gelungene Umsetzung der intendierten Effekte eines Unternehmenszusammenschlusses.

Die Etablierung einer »Dritten Kultur« ist damit so etwas wie der Königsweg bei Mergers & Acquisitions – der freilich nicht immer begehbar sein wird und allein schon mit Blick auf die dazu notwendigen zusätzlichen Ressourcen (man greift ja dabei nicht auf bereits bestehende Lösungen zurück) im Einzelfall sorgfältig geprüft werden muss. Und doch sorgen bereits wenige dieser Erfolgsgeschichten im turbulenten Geschehen eines Merger für erste Lichtblicke bei der Orientierung auf einen eingeschwungenen zukünftigen Zustand; es wird damit zumindest eine Ahnung davon vermittelt, wie das neu zusammengesetzte Unternehmen funktionieren könnte, wenn es allen Beteiligten gelingt, nicht in den Selbstblockierungen einer Schismogenese stecken zu bleiben.

Doch zurück zu der Beobachtung der damals laufenden HR-Aktivitäten. Eingebettet in den globalen Veränderungsprozess der Personalbereiche, der (wie beschrieben) geprägt war von einem Rollenwechsel der klassischen Personaladministration hin zum HR-Strategic-Partner in Anlehnung an das Modell von Dave Ulrich, konzentrierte sich die Funktion der Personal- und Organisationsentwicklung (OD) 2008 vor allem auf den Schwerpunkt »Change Management & Revitalization«. Im Wesentlichen bestand die Arbeit aus der Implementierung der bereits erwähnten Intranetseite »The Human Side of Transformation« und der Etablierung eines »Change Agent Network«.

Mit dem Ziel, die Organizational Capabilities, d. h. die im Unternehmen verankerten Ressourcen, für einen konstruktiven Umgang mit Veränderungen weiter auszubauen und damit vor allem die Unterstützung der Führungskräfte in der Gestaltung von Veränderungsprozessen im Unternehmen zu stärken, wurde die Implementierung einer Intranet-Plattform für das gemeinsame Lernen rund um das Thema »Managing Change & Complexity« konsequent vorangetrieben.

Der Themenkatalog dieser Website umfasste die folgenden Punkte:

- *Veränderungsprozesse treiben*
  - Zielgruppe: Führungskräfte und Veränderungsexperten, die dafür verantwortlich sind, großflächige Veränderungsprozesse anzustoßen
  - Inhalt: Werkzeuge für die unterschiedlichen Phasen eines Veränderungsprozesses (einschließlich Fallbeschreibungen erfolgreicher Veränderungsprojekte)

- *Teams durch Veränderungen führen*
  - Zielgruppe: Führungskräfte, die einzelne Teams in Veränderungen begleiten und ihre Mitglieder coachen
  - Inhalt: praktische Hinweise für den persönlichen Umgang mit Veränderungen
- *Umgang mit Unsicherheit*
  - Zielgruppe: Einzelpersonen, die sich in Veränderungsprozessen zurechtfinden müssen
  - Inhalt: praktische Hinweise zum Selbstcoaching
- *Integration*
  - Zielgruppe: Führungskräfte und Veränderungsexperten, die sich mit Problemen in der Post-Merger-Phase auseinandersetzen müssen
  - Inhalt: Methoden und Werkzeuge für die Integration der beteiligten Unternehmen
- *Arbeiten in virtuellen Teams/Matrixorganisationen*
  - Zielgruppe: jeder, der mit den Herausforderungen einer virtuellen Kooperation und/oder komplexer Matrixstrukturen konfrontiert ist
- *kulturübergreifende Kooperation*
  - Zielgruppe: jeder, der in kulturübergreifenden Zusammenhängen/Teams arbeitet
  - Inhalt: praktische Informationen und Werkzeuge zur Zusammenarbeit über nationale, geografische und/oder Unternehmensgrenzen hinweg.

Allein die Fülle der Themen macht deutlich, vor welchen Herausforderungen die für die Gestaltung der Unternehmensfusion verantwortlichen Führungskräfte gestellt waren. Auch wenn bei den einzelnen Punkten zu einem überwiegenden Teil sinnvolle und wichtige Werkzeuge präsentiert wurden (wir werden darauf im nächsten Kapitel zurückkommen): Eine virtuelle Plattform mit entsprechenden Informationen und *best practices* ist natürlich noch kein Garant dafür, dass die eine oder andere Methode angewandt wird. In den turbulenten Zeiten radikaler Veränderungen ist die bloße Wissensvermittlung nur ein Aspekt eines angemessenen Umgangs mit all den Unsicherheiten. Und möglicherweise noch nicht einmal der Wichtigste. »Who needs information, when you live in constant fear?«, so lässt sich in den

Worten des Songpoeten Roger Waters (*Amused to death*, 1992) das Dilemma des Versuchs einer Fernwartung all dieser gravierenden Fragestellungen pointiert zusammenfassen.

Für die Bearbeitung des zweiten Schwerpunkts, der Gründung bzw. des Ausbaus eines vom globalen OD-Team gesteuerten »Change Agent Network«, wurden in einem ersten Schritt einzelne Mitglieder der HR Community und später auch Manager aus einzelnen Geschäftsfeldern konsultiert. Der Zweck dieses Netzwerks bestand ebenfalls darin, den HR-Business-Partnern und ihren »Klienten« im Business, d. h. den entsprechenden Linien-Managern, die Möglichkeit zum Erfahrungsaustausch und gemeinsamen »virtuellen« Lernen zu geben. Der »initiale Aufruf« der virtuellen Arbeitsgemeinschaft erfolgte im Januar 2008, danach gab es noch drei weitere »virtuelle« Netzwerktreffen sowie zahlreiche *e-Learnings* bzw. *web based trainings* rund um die Themenfelder »Transformation/Change Management«.

Die Idee dieses Netzwerks bestand in erster Linie darin, innerhalb der Belegschaft von Alcatel-Lucent einzelne »Networker« zu rekrutieren, die daran interessiert waren, sich für das Management der laufenden oder aber bevorstehenden Transformationsprozesse fit zu machen bzw. ihre bereits gemachten Erfahrungen mit anderen Community-Partnern zu teilen. An konkreten Fragestellungen entlang, wie etwa »Wie gestalte ich einen Transformationsprozess, dessen Ziel eine Marktführerstrategie im Bereich der IP-Technologie ist?« oder, im Rahmen der Initiative »Simplifying our Company«: »Wie können wir unseren Bereich einfacher strukturieren?«, wurden innerhalb dieses Forums Tools wie Checklisten oder Fachartikel zur Verfügung gestellt, mehr Erfolgsgeschichten geteilt denn Misserfolgsgeschichten ausgewertet oder einfach nur Fragen beantwortet bzw. Probleme gelöst, die von einzelnen Mitgliedern in die Netzwerkdiskussionen eingesteuert wurden.

Ergänzt wurden diese Maßnahmen durch dezentral organisierte Workshops und Arbeitstreffen, die im Einzelfall und themenspezifisch entweder von einzelnen Führungskräften angefragt oder von den regionalen PE/OE-Experten angeboten wurden, damit im Falle dringender Handlungsbedarfe punktgenau Interventionen gesetzt werden konnten.

Mit der Kombination von (virtueller) Vernetzung, Input zu Werkzeugen und Vorgehensweisen in radikalen Veränderungsprozessen und punktueller Konzeptualisierung und Moderation von Workshops zu Einzelthemen wurde vonseiten der OD ein im vorgegebenen Rahmen sinnvoller Beitrag zur Bearbeitung der im Unternehmen an unterschiedlichster Stelle immer wieder aufbrechenden Irritationen geleistet. Die Konzentration auf eine Handvoll Stellhebel ermöglichte es den dafür zuständigen Experten, 2008 mit einer verhältnismäßig überschaubaren Ressourcenausstattung eine Welle von Aktivitäten auszulösen, die in vielen Geschäftsbereichen und Regionen dankbar aufgenommen wurden.

Pulse Survey: Wie gut integrieren wir eigentlich?

Die beeindruckende Energie, die hier von allen Beteiligten an den Tag gelegt wurde, darf allerdings nicht darüber hinwegtäuschen, dass in Relation zu den Schwierigkeiten, in die der Konzern mehr und mehr geriet, all diese Maßnahmen nicht mehr als ein kleiner Tropfen auf einem fast schon glühenden Herd waren. Sei es in der Außenwahrnehmung, dort gemessen am kontinuierlich sinkenden Aktienkurs, sei es in der Innenperspektive, die nach wie vor von Personalabbau, Zukunftssorgen und Ringen um Orientierung in den permanenten Umbauten der Organisation bestimmt war: Die Turbulenzen und Konfliktdynamiken, denen wir hier exemplarisch an der Arbeit des HR-Bereichs nachgegangen sind, wirkten sich weiterhin auf den Gesamtkonzern aus.

Ihren Höhepunkt finden die Turbulenzen der Jahre 2007/08 in der bereits angedeuteten Bekanntgabe von Kosteneinsparungen in Höhe von 1,4 Milliarden Euro, die primär durch den Personalabbau in der Größenordnung von 9500 Mitarbeitern und Mitarbeiterinnen erreicht werden sollen. Die immer wieder nach oben korrigierten Zahlen des Personalabbaus (12 500 Personen im Frühjahr 2007, dann 4000 weitere Mitarbeiter und Mitarbeiterinnen im Oktober 2007) und eine mittlerweile dritte Gewinnwarnung im Oktober 2007 taten dann das Ihrige dazu, im neuen Unternehmen zumindest auf nationaler Ebene sowie in den einzelnen Geschäftsfeldern die Stimmung der Belegschaft in Pessimismus und Resignation umschlagen zu lassen.

Angesichts dieser Ausgangslage wurde daher vom »Integration Program Office« beschlossen, für das erste Halbjahr 2007 weltweit eine umfangreiche Mitarbeiterbefragung durchzuführen, den sogenannten Pulse Survey. Das im IPO angesiedelte Change-Management-

Team beauftragte die lokalen OE-Funktionen mit der Durchführung und Auswertung der Befragung. Die daraus entwickelten Ideen für Interventionen sollten den nationalen HR-Chefs präsentiert werden, die dann wiederum auf internationaler Ebene für konsolidierte Maßnahmenpakete zu sorgen hatten. Zum Zweck besserer Beobachtungsmöglichkeiten wurde die Befragung im Juni 2007 wiederholt, ein dritter Durchgang zum Jahresende wurde in Erwägung gezogen, dann allerdings auf unbestimmte Zeit verschoben.

Das Ziel dieser Befragungen bestand darin, festzustellen, inwieweit es bereits gelungen war, die geplante Integration einzelner Bereiche und Funktionen effektiv und effizient durchzuführen. Im Einzelnen wurde auf folgende Items fokussiert:

- Fortschritt der Integration messen und Problempunkte identifizieren
- feststellen, was gut läuft, und es schnell im Unternehmen multiplizieren
- feststellen, was weniger gut läuft oder noch fehlt
- die entsprechenden Ergebnisse den Mitarbeitern zurückmelden
- Maßnahmen zur Verbesserung der Integration definieren
- Sichtweisen aus der Belegschaft kennenzulernen, Anregungen zu bekommen und daraus notwendige Maßnahmen und Interventionen ableiten.

Die Ergebnisse wurden jeweils auf die Regionen, Unternehmensbereiche und »Corporate Functions« heruntergebrochen. So hoffte man, auf lokaler Ebene die entsprechenden Konsequenzen ziehen und bereichsspezifische Maßnahmen zur Verbesserung der Integrationsqualität in die Wege leiten zu können. Als Ergebnis der Februarbefragung kamen die folgenden Punkte ans Licht:

- Die Mitarbeiter unterstützen den Business-Zweck für den Merger und sind gewillt, auch im gemeinsamen neuen Unternehmen tätig zu bleiben.
- Das Topmanagement-Team ist sichtbar, und die Mitarbeiter glauben daran, dass das Management-Team am Erfolg des Merger interessiert ist.
- Die Mitarbeiter glauben, dass das Management versucht, die Vorteile aus den Stärken beider Ex-Unternehmen zu ziehen.

- Mitarbeiter aus den beiden Ex-Unternehmen haben bereits erste erfolgreiche Arbeitsbeziehungen geknüpft.

So positiv diese Rückmeldungen auf der ersten Blick auch klangen: In den parallel dazu festgehaltenen freien Anmerkungen der Belegschaft wurde deutlich, dass ein Großteil der Mitarbeiter und Mitarbeiterinnen die aktuellen Herausforderungen darin sah, Antworten auf folgende Fragen zu bekommen:

- Was bringt die Zukunft für mich persönlich, und welches ist meine zukünftige Rolle?
- Wie funktioniert das »Operating Model«, und wie arbeiten wir zusammen?
- Wie sicher ist es, dass es uns gelingt, aus unserem »Bunker« hervorzutreten, sprich: offen über die eigenen Wahrnehmungen zur Post-Merger-Situation zu sprechen?
- Welche Unterstützung (Ressourcen etc.) bekommen wir, damit wir das alles hinbekommen? Hört uns jemand?

Um diesen kritischen Rückmeldungen nachzugehen, wurden die Management-Teams der Unternehmensbereiche, Zentralfunktionen und Regionen beauftragt, die auf ihre jeweiligen Bereiche herunterge-brochenen Ergebnisse in den eigenen Bereichen zu kommunizieren und geeignete Maßnahmenpläne abzuleiten. Der Fokus für Verbesse-rungen wurde dabei auf folgende Themen gelegt:

- Klärung und Kommunikation des »Operating Model« und der Kernprozesse
- Weitergabe der Entwicklung von Plänen zur Umsetzung der Vision an die Mitarbeiter
- Kommunikation der »Zukunft« eines jeden Mitarbeiters: Rolle, Verantwortlichkeiten und Ziele, in enger Verzahnung mit dem Zielvereinbarungsprozess und der individuellen Personalent-wicklung für jeden Mitarbeiter
- Verbesserung der »Balance« bezüglich der internen Kommuni-kation: positiver, zukunftsorientierter, einhergehend mit einer stärkeren »Es-geht-Haltung«, persönlicher, offener und häu-figer.

Im Juni 2007, ein halbes Jahr nach Day One, erfolgte dann die zweite Befragung. Über alle Items betrachtet, lässt sich das Ergebnis mit einfachen Worten beschreiben: »Wir treten auf der Stelle«. Allerdings hatte sich dabei der Problemfokus etwas verschoben. Ein Großteil der Befragten brachte klar zum Ausdruck, dass man inzwischen eine Antwort auf die eigene Rolle und Verantwortung habe und damit auch weniger unsicher in die Zukunft blicke. Auf der anderen Seite wurde deutlich, dass die Belegschaft nach wie vor große Probleme damit hatte, die Komplexität der Organisationsstruktur, vor allem das Zusammenspiel zwischen globalen, regionalen und lokalen Einheiten, zu verstehen. Daraus resultierten erhebliche Schwierigkeiten bei der Umsetzung der Prozesse und Ausgestaltung der Strukturen im eigenen Tagesgeschäft. Eine »klare Zuordnung von Verantwortlichkeiten« und der »Abbau der Silomentalität« wurden in diesem Zusammenhang stärker denn je gefordert.

Unschwer zu erkennen: Im gesamten Unternehmen war man mit dem »Operating Model« beschäftigt – wie die Geschäftsprozesse in den zusammengelegten Einheiten und über sie hinweg optimal gestaltet werden können, wie ein erfolgreicher Kontakt zu relevanten Kundengruppen gelingen kann, von welchen Einheiten und wie die relevanten Umwelten und Märkte bedient werden und wie man über die vielen (neuen) Hierarchieebenen, die zu komplexen Matrixstrukturen verwoben worden waren, zu Entscheidungen kommen und diese dann auch bis an die Basis kommunizieren kann; etwa bei den Konflikten im Zusammenspiel der zentral aufgestellten Produktentwicklung mit den überwiegend noch national agierenden Vertriebsmannschaften oder bei den zentralen Funktionen wie Finanzen, Personal oder IT, die Richtlinien entwickelten, die auf lokaler Ebene eher für ungläubiges Kopfschütteln denn Arbeitserleichterungen sorgten.

Nachdem viele Mitarbeiter inzwischen erste Erfahrungen in der Zusammenarbeit mit neuen Kollegen, in neuen Teams und über die Landesgrenzen hinweg hatten sammeln können, stießen sie auch hier auf »interkulturelle« und »teambezogene« Konflikte. Während man bei den zentralen Sachfragen der Neuorganisation des Gesamtunternehmens auf der Stelle trat, wurde die Adressierung der immer deutlicher zutage tretenden strukturellen, prozessualen und nicht zuletzt wirtschaftlichen Herausforderungen an den Gemischtwarenladen »Kultur« zu einem zwar nachvollziehbaren, nichtsdestoweniger aber hoch dysfunktionalen Unterfangen. Immer häufiger wurde der – zugegebenermaßen schwieriger werdende – Dialog über die kritischen Aspekte von Portfoliobereinigungen, Marktbearbeitungstrategien, Kundensegmentierungen, strategischen Perspektiven, Ressourcenallokationen etc. abgebrochen durch den Verweis auf »inkompatible Kulturerfahrungen«, es herrschten ein ratloses Achselzucken und Einrasten der stereotypen Vorurteile. Hemdsärmelig die Amerikaner, unflexibel die Deutschen, hierarchiegläubig und arrogant die Franzosen – all diese Zuschreibungen wurden mehr und mehr zur Standardfloskel bei der Erläuterung von Misserfolgen oder auch nur verpassten Gelegenheiten. Ohne damit wirklich etwas gelöst zu haben, verständigt man sich wechselseitig darauf, dass eine Verständigung unter solchen Rahmenbedingungen wohl nicht möglich sei.

Immer wieder wurde bei der Arbeit »vor Ort« auch die Erfahrung gemacht, dass sich so manche der homogenen Teams (z. B. eine Funktionaleinheit eines Landes) im Sinne des »Selbstschutzes« gegenüber ihren »Außenwelten« komplett abgeschottet hatten. Zieht man dazu noch die Arbeitslast einer solchen Post-Merger-Phase in Betracht – die bisherigen Aufgaben aus dem alten Unternehmen noch auf dem Schreibtisch und bereits neue und bisweilen noch schwer zu verstehende Aufgaben und Projekte vor Augen –, wird verständlich, dass nicht nur Mitarbeiter und Mitarbeiterinnen, sondern zunehmend auch Führungskräfte mehr und mehr von wachsender Frustration und persönlichen Burn-outs zu sprechen begannen.

Mit dem wachsenden Gefühl der Dringlichkeit wurde im Konzern auch der Ruf nach Konsequenzen laut – und die Reaktionen darauf (verstärkt durch sinkende Margen im Kerngeschäft und einen weiterhin fallenden Aktienkurs) ließen nicht lange auf sich warten. Sie bestanden im Wesentlichen aus einer Verfeinerung und Intensivierung derjenigen Maßnahmen, die bereits anlässlich der Februarbefragung eingeleitet worden waren – ergänzt um strukturelle Konsequenzen, auf die wir im Folgenden eingehen müssen.

Die Restrukturierung der Restrukturierung

Aus der Summe der schlechten Quartalergebnisse, dem weiter fallende Aktienkurs und der Ernüchterung bezüglich der Ergebnisse der beiden Mitarbeiterbefragungen zog das Topmanagement seine Schlüsse und gab genau elf Monate nach dem Day One eine weitere

Reorganisation des Konzerns bekannt: Die bestehende Struktur sollte an wesentlichen Stellen neu und »einfacher« gestaltet werden, angefangen beim Topmanagement-Team, das von 22 Mitgliedern am Day One auf acht Mitglieder im November 2007 reduziert wurde. Damit nicht genug: Die vier weltweiten Vertriebsregionen wurden zu zwei Regionen zusammengefasst, die Region »Europe & North«, der die deutsche Ländergesellschaft angehörten, als eigenständige Region gestrichen und in mehrere kleinere, schlagkräftigere »Regional Units« (RU) aufgeteilt. Alcatel-Lucent Deutschland ging fortan in der Region »North & West Europe« auf. Die Zentrifugalkräfte beim Streben nach mehr Einfluss und Verantwortung auf lokaler Ebene hatten erste Erfolge zu verbuchen: Das Motto »Think global – act local« schien sich im gesamten Konzern durchzusetzen, die Kompetenzen und Entscheidungsbefugnisse der regionalen Einheiten und Ländervertretungen wurden deutlich gestärkt und ausgebaut.

Eine wesentliche Kurskorrektur lag also in der Stärkung der Verantwortung der lokalen Einheiten sowie der Arbeit von grenzübergreifenden, internationalen Projektteams. Man kann darin beinahe eine Art Rückkehr zum Prinzip des Schutzes der internen Subkulturen erkennen, die im Zuge der schismogenetischen Dynamik eher an Stärke gewonnen denn verloren hatten und deren Existenz nun für die Entwicklung einer tragfähigen und verbindlichen globalen Unternehmenskultur genutzt werden sollte. Blickt man aus der entsprechenden Distanz zurück, scheinen die ersten eineinhalb Jahre des Merger ein ebenso langwieriger wie schmerzvoller Lernprozess gewesen zu sein. Auf dem Weg zu einem gemeinsamen Unternehmen begannen sich nun *(top down)* Tendenzen durchzusetzen, die die Differenzierung stärker in den Blick nahmen als die zuvor propagierte Integration.

Die Besinnung auf eine stärker dezentrale Vorgehensweise hat vor dem Hintergrund unserer konzeptionellen Überlegungen durchaus Sinn: Auf *top down* verursachte Probleme mit *top down* verschriebenen Maßnahmen zu antworten würde der batesonschen Denkfigur der Schismogenese zufolge die Spaltung im System nur noch stärker vorantreiben. Wie ein Silberstreifen am Horizont leuchtete im laufenden Spiel der Kräfte die Einsicht auf, dass man mit Risiken und unerwarteten Nebenwirkungen rechnen muss, wenn man Integration verordnet. Zum ersten Mal in der noch jungen Geschichte des vereinigten Unternehmens findet auch im Topmanagement der Gedanke ausreichend Nahrung, dass Integration womöglich nur gelingen kann, wenn sie aus sich selbst heraus wachsen darf – und die einzige Chance, die Wahrscheinlichkeit einer solchen Entwicklung beeinflussen zu können, in der Umstellung der grundlegenden Prämissen einer bis dato konsequent auf Integration getrimmten Unternehmenssteuerung liegt. Die Suche nach einem konstruktiven Umgang mit der Paradoxie der Integration und die Auseinandersetzung mit der Denkfigur stabiler Ungleichgewichte wird mehr und mehr zur Chefsache – freilich unter anderem Namen und (zum Glück) mit genug Abstand zu den theoretischen Implikationen komplexer Denkfiguren einer Identitätssuche im Zeichen der Schismogenese.

Für 2008 konzentrierte sich das Executive Committee um CEO Pat Russo mit der gebotenen Klarheit auf drei erfolgskritische Stellhebel, die dem Unternehmen dabei helfen sollten, die Komplexität des Geschehens einzudämmen und sich wieder auf Erfolgskurs zu bringen:

* *Vereinfachung:* Vereinfachung der Prozesse und Strukturen als Schlüssel für die Erreichung anspruchsvoller Ziele
* *Verantwortung und Empowerment:* volle Verantwortung für die eigenen Projekte und Arbeitsergebnisse sowie die entsprechende Unterstützung durch das Management
* *Fokus auf profitablem Wachstum:* Konzentration auf Marktsegmente, die profitables Wachstum versprechen.

Diese Strategie schien zunächst auch von Erfolg gekrönt zu sein: Die Ergebnisse im ersten Quartal 2008 waren zufriedenstellend. Mit der ausgegebenen Marschroute der klaren Fokussierung auf *business as usual* und einer klassischen Unternehmensausrichtung (Wachstum, Effizienz, Vereinfachung) schien der Konzern wieder Tritt zu fassen, die vielfachen Irritationen und die damit ausgelöste Unsicherheit und Demotivation in der Belegschaft nahmen ab. Überall dort, wo man sich auf die von der Unternehmensführung ausgegebenen Orientierungsleitlinien einließ, gewannen die Herausforderungen des Alltagsgeschäfts wieder an Bedeutung, wurde der Blick auf die Bedarfe der Kunden zur handlungsleitenden Maxime. Man beschäftigte sich nicht weiter mit den Fragen der Integration im Rahmen des Merger, vielmehr drehten sich die Auseinandersetzung in den einzelnen Geschäftsfeldern und Ländern mehr und mehr um intelligente und kostengünstige Lösungen für die vom starken Wettbewerb profitierenden Kunden der einzelnen Marktsegmente.

Und doch fiel trotz erfolgreicher Bemühungen, die Geschäftsergebnisse laufend zu verbessern und die Irritation durch den gemeinsamen Merger in den Hintergrund treten zu lassen, die Alcatel-Lucent-Aktie von 13,60 Euro bei ihrem Höhepunkt im Mai 2006 auf einen Tiefstand von 1,40 Euro zu Beginn des Jahres 2009 – ein Kurssturz um immerhin 89,7 %. Ein eindeutiges Zeichen dafür, dass zumindest die Finanzmärkte in dieser Zeit dem Braten noch nicht trauten – auch wenn sich dabei natürlich insgesamt ein Branchentrend spiegelte, der in den Jahren 2008/2009 durch die globalen Erschütterungen des Finanzsystems und die in der Folge einkickende Weltwirtschaft noch zusätzlichen Auf- bzw. Abtrieb erhielt.

Angesichts der wirtschaftlichen Performance wuchs der Widerstand gegen den eingeschlagenen Kurs der Unternehmensführung mehr und mehr an. Die Kritik an den getroffenen Entscheidungen wurde lauter und erreichte auch den Verwaltungsrat, der mit seiner Unzufriedenheit bezüglich der bis dahin erreichten Ergebnisse nicht mehr hinter dem Berg hielt. Die sich zwar beruhigenden, nichtsdestoweniger aber noch andauernden Schwierigkeiten bei der Schaffung neuer Synergiepotenziale im Zuge der Integration beider Unternehmen beschäftigten nachhaltig die bestehenden Management-Kapazitäten, zumal in regelmäßigen Abständen die Dynamik der Schismogenese wieder aufbrach und damit alle Beteiligten bei der Suche nach konstruktiven Lösungen für die Probleme der Kunden behinderte. Eingebettet in ein nach wie vor schwieriges Marktumfeld, war das Unternehmen nicht in der Lage, einen Kurswechsel zu erzielen. Die Stimmen mehrten sich, die an den Fähigkeiten des CEOs zweifelten, den begonnenen Merger zu einem erfolgreichen Ende zu bringen, Stabilität und Zuversicht nach außen wie nach innen zu kreieren und das Unternehmen nachhaltig auf so dringend ersehnten Erfolgskurs zu führen.

Vor diesem Hintergrund gab es schließlich kaum noch überraschte Gesichter, als im Juli 2008 die Nachricht über den Rückzug von Pat Russo und Serge Tchuruk, den beiden verantwortlichen Großarchitekten des Merger, bekannt gegeben wurde.

Ob der Rückzug der Unternehmensspitze aus dem persönlichen Fazit »Auftrag ausgeführt« heraus erfolgte oder aber aufgrund gezielter Einflussnahme der zuständigen Kontrollgremien bzw. der globalen Community der Finanzexperten und Börsenanalysten, ist an dieser Stelle nicht weiter von Interesse. Tatsache bleibt, dass bereits zum Anfang September, d. h. einen Monat nach dem Rücktritt von Pat Russo und Serge Tchuruk, ein neuer CEO als Nachfolger angekündigt wird:

> **Paris, September 2, 2008** – Alcatel-Lucent's Board of Directors (Euronext Paris and NYSE: ALU) yesterday approved the appointment of Philippe Camus as the company's non-executive Chairman as of October 1ˢᵗ, 2008. Ben Verwaayen is appointed as the company's chief executive officer. Ben will also join the company's Board of Directors.
>
> Philippe Camus, 60 is a French national and a US resident. He is a seasoned business leader whose international experience spans several industries. He was the Co-CEO at European Aeronautic Defense and Space Company (EADS) and managed a large, global business in the high-tech industry. He is Co-Managing Partner of Lagardère, an international media group, and a partner of Evercore Partners, a New York based investment and advisory firm.
>
> Ben Verwaayen, 56 is a Dutch national and has intensive telecommunications and IT experience spanning many years. He was CEO of BT from February 2002 to June 1, 2008. Ben was formerly vice-chairman of the management board of Lucent Technologies in the US, which he joined in September 1997. Prior to that, he worked with KPN in the Netherlands for nine years as president and managing director of its telecom subsidiary, PTT telecom. Before that, Ben worked for ITT, a predecessor of Alcatel.

Die Restrukturierung der Restrukturierung der Restrukturierung

Wie immer auch die Hoffnungen lauteten, die mit dem Personalwechsel an der Spitze von Alcatel-Lucent verknüpft waren – zwei Monate nach seinem Amtsantritt gab der neue CEO die dritte Restrukturierung des Gesamtunternehmens nach dem Zusammenschluss bekannt. Im Wesentlichen ging es darum:

- ein einfacheres, kundenorientiertes Geschäftsmodell zu praktizieren

- ein stimmiges, gestrafftes Dienstleistungs- und Produktportfolio anzubieten
- offen zu sein für Innovation
- eine Kultur zu leben, in der hohe Erwartungen die Norm sind
- echte Talente zu rekrutieren und im Unternehmen zu halten.

Ohne dass an dieser Stelle intensiver auf die zum 1. Januar 2009 in Kraft getretenen strukturellen Veränderungen eingegangen wird: Aus den Ankündigungen wird deutlich, dass der neue CEO das Gesamtunternehmen konsequent auf seine relevanten Umwelten fokussiert, also an erster Stelle auf die existierenden Kundenbedürfnisse. Die Hoffnung, die damit verbunden ist, brauchen wir nicht weiter auszumalen: Bitte ab sofort so wenig Aufmerksamkeit wie nur irgend möglich auf die internen Dynamiken mit ihrer Tendenz zur Schismogenese richten! Die intendierte Umstellung der Steuerungsprinzipien – weniger Hierarchie, mehr Markt – soll das leisten, was in den vorangegangenen drei Jahren tatsächlich nur unzureichend gelungen ist. Anstatt sich von den Immunreaktionen der eigenen Organisation lähmen zu lassen, soll frischer Wind in die Arbeit der einzelnen Einheiten Einzug halten. Es gilt, den Kopf freizubekommen für die Beschäftigung mit den wesentlichen Überlebensbedingungen von Unternehmen: der Fähigkeit, Problemstellungen ihrer Kunden in Lösungen zu verwandeln, für die diese bereit sind, einen Preis zu bezahlen, mit dem die Investitionen in weitere Problemlösungsprozesse finanziert werden kann. Hierzu braucht es klarerweise ein Mindestmaß an Organisation – aber eben genau dieses. Jeder Deut mehr an Strukturen verstärkt das Risiko, sich mit der eigenen Komplexität zu beschäftigen und dabei diejenigen aus dem Blick zu verlieren, die letztendlich die Ursache all dieser Anstrengungen sein sollten.

Die neue Führungsspitze geht diese Herausforderung konsequent an: Die Verknüpfung der Neuausrichtung mit den in diesem Zusammenhang ebenfalls überarbeiteten »Key Performance Indicators« zur Leistungssteuerung ganzer Bereiche und Regionen sowie ihrer Anbindung an individuelle Zielvereinbarungen und den daraus abgeleiteten Entlohnungsmechanismen erhöht gezielt die Wahrscheinlichkeit eines abgestimmten Vorgehens im Gesamtunternehmen. Allerdings hängen all diese Maßnahmen und Folgeaktivitäten – wie so oft – in erster Linie davon ab, ob es der Führungsmannschaft gelingt, diesen Zusammenhang auch in den Augen der Mitarbeiter und Mitarbeiterinnen glaubhaft herzustellen, d. h., ihn vor allen überzeugend vorzuleben. Die strukturellen Voraussetzungen hierfür sind mit der neuerlichen Umstrukturierung gegeben. Es bleibt allerdings abzuwarten, wie es den beteiligten Köpfen gelingt, ihre Entscheidungen so anschlussfähig zu machen, dass ausreichend Folgebereitschaft bei denen entsteht, die diese Entscheidungen dann schlussendlich mit Blick auf Markt und Kunden umsetzen müssen – und dies entgegen der Verführungskraft der bereits etablierten Muster und Routinen, die allesamt auf die Fortsetzung der durch den Imperativ der Integration ins Leben gerufenen Schismogenese drängen.

Bezogen auf den Bereich HR, der ja bezüglich der Auswirkungen der Schismogenese in diesem Kapitel im Fokus unserer Betrachtung steht, brachte die unter der Federführung des neuen CEO Ben Verwaayen eingeleitete Neuorganisation des Gesamtunternehmens nur wenige strukturelle Veränderungen mit sich: Die Vertiefung des HR-Business-Partner-Modells stand weiterhin im Mittelpunkt der Arbeit. Inwieweit der in diesem Zusammenhang eingeschlagene Kurs einer verstärkten Dezentralisierung und der losen Kopplungen der globalen Unternehmenseinheiten dazu beitragen kann, das bestehende Knowhow der internen HR-Experten für die Dekonstruktion der nach wie vor anhaltenden Schismogenese möglichst optimal zu nutzen, kann zu diesem Zeitpunkt noch nicht wirklich beurteilt werden. Momentan bleibt im Hinblick auf die laufende Arbeit der Führungskräfte und der unterstützenden Funktionen in einem durch die aktuelle Wirtschaftskrise schwieriger werdenden Marktumfeld sicherlich noch einiges an Optimierungsoptionen. An dem Engagement einzelner HR-Business-Partner, ihr Wissen und ihre Erfahrung in den Dienst der Sache zu stellen, wird das hypothetische Durchspielen möglicher Alternativen allerdings nichts ändern: Hier wächst durch das Verständnis für die folgenreichen Konsequenzen einer allzu komplexitätsfrei angedachten Integration zweier Unternehmen weiterhin die Einsicht, dass eben nicht die Arbeit an einer Integration, sondern vielmehr das Spiel mit den Differenzen der entscheidende Unterschied ist, der im Verlauf von Unternehmenszusammenschlüssen einen tatsächlichen Unterschied macht.

Im folgenden Kapitel wollen wir nun einen Blick auf einige der Instrumente und Vorgehensweisen, »Tools & Toys« also, werfen, die in dem geschilderten Zusammenhang dafür verwendet wurden, den Selbstblockaden und Konfliktdynamiken des laufenden Merger-

Geschehens etwas entgegenzusetzen. Nicht immer handelt es sich dabei um völlig neu entwickelte Werkzeuge und gänzlich innovative Zugänge – so wurden in der konkreten Begleitung einzelner Unternehmenseinheiten bei dem mittlerweile reichhaltigen Repertoire der Organisationsentwicklung und des Change-Managements immer dann Anleihen gemacht, wenn die Ausgangsdiagnose den Rückgriff auf das bewährte Interventionsrepertoire einer systemtheoretisch informierten Beratung zuließ. Herausgekommen ist ein Mix aus altbekannten, anders zusammenkomponierten, aber auch komplett neu entwickelten Vorgehensweisen, deren Einsatz immer von der Idee geleitet war, die bestehenden Tendenzen der Konflikteskalation und der sich selbst verstärkenden Muster der Schismogenese zu unterlaufen. Dass dies nicht immer gelungen ist, kann nur den überraschen, der sich in diesem Feld bislang nur theoretisch getummelt hat. Für Praktiker, die in solchen Prozessen Erfahrung haben, ist die Einsicht, nur einen (sehr) begrenzten Einfluss auf das laufende Geschehen zu haben, Teil der notwendigen Gelassenheit, ohne die der Alltag bei solchen turbulenten und tiefgreifenden Veränderungen nur schwer zu bewältigen ist.

4. Tools & Toys

Nachdem wir in den vorangegangenen Kapiteln den Kerngedanken unserer Überlegungen – die Einsicht in die paradoxen Konsequenzen einer forcierten Integration bei Mergers & Acquisitions – sowohl entlang der konzeptionellen Überlegungen als auch anhand eines konkreten Fallbeispiels durchgespielt haben, gilt unsere Aufmerksamkeit in diesem Kapitel möglichen Vorgehensweisen und Interventionen, die insofern praxistauglich sind, als sie sich bereits mehrfach in der Begleitung komplexer Fusionsprozesse bewährt haben. Ohne einem rezepthaften und damit immer unangemessen vereinfachenden Vorgehen das Wort reden zu wollen, halten wir es für sinnvoll, uns außer der Grundlogik einer »Integration durch Differenzierung«, die als handlungsleitende »Theorie in Aktion« das geplante Vorgehen weitgehend vorstrukturiert, auch der zur Verfügung stehenden Hilfsmittel im Umgang mit solchen eskalierenden Konfliktdynamiken zu vergewissern, um sie je nach Bedarf und Ausgangslage entsprechend modifiziert einsetzen zu können.

Mit Blick auf die Werkzeuggläubigkeit vieler Manager (und der sie oftmals darin bestärkenden Berater) sei hier jedoch noch ein Hinweis vorweggeschickt. Am Beispiel des Merger von Alcatel und Lucent lässt sich gut zeigen, wie eine dezidierte Grundüberzeugung der relevanten Entscheidungsträger davon, wie eine Integration zweier Organisationen auszusehen hat, bezüglich der Vorgehensweise die entscheidenden Weichenstellungen vorgibt. Ist diese Auffassung geprägt von dem klassischen betriebswirtschaftlichen Paradigma, nach dem Organisationen lediglich das Werkzeug zur Erreichung vorgegebener Ziele sind und weitgehend der Funktionsweise trivialer Maschinen folgen, dann liegt der Gedanke in der Tat nahe, beide Maschinen so umzubauen, dass sie gut zusammenpassen und ein optimiertes Werkzeug zur Erreichung des wesentlichen Ziels – der Steigerung des Mehrwerts für die Eigentümer – abgeben.

Folgt man Logik des Shareholder-Values, kann durch die Zusammenlegung zweier parallel arbeitender Systeme und die anschließende Eliminierung von Doppelfunktionen eine effizientere Nutzung der bestehenden Ressourcen erreicht werden (zur Dekonstruktion dieser Logik siehe u. a. Wimmer 2002). Nichts spricht in diesem Paradigma auch gegen ein elegantes »Value Capturing«, d. h. die Abkürzung organischen Wachstums als konsequente Antwort auf die Notwendigkeiten einer kapitalmarktorientierten Unternehmensstrategie, die von den immer wieder sich selbst übertreffenden Renditeerwartungen meist unternehmensfremder Anteilseigner angetrieben und unter Zugzwang gesetzt wird. In der Vermischung dieser beiden Vorstellungen – triviales, auf bloße Zweck-Mittel-Relationen geschrumpftes Organisationsverständnis und kapitalmarktorientierte Wachstumsfantasien – findet die Faszination angesichts der potenziellen Entwicklungssprünge durch konsequente Hebung des Synergiepotenzials bei Unternehmensfusionen einen fruchtbaren Nährboden. Ihren adäquaten Ausdruck findet diese Motivlage in der Formel »$1 + 1 = 3$«. Die Hoffnung auf das Wunder der Überwindung mathematischen Basiswissens paart sich mit der Suggestion der Einfachheit der Aufgabe: an einer Hand abzuzählen, wird so schwer schon nicht werden.

Dass diese Gleichung in den seltensten Fällen aufgeht, haben wir gesehen. Ein nicht so sehr betriebswirtschaftlich, sondern eher sozialwissenschaftlich informiertes Organisationsverständnis weiß Bescheid über die Zusammenhänge, die in Organisationen mit der Umstellung von Kausalität auf Intelligenz einhergehen, und rechnet daher mit Überraschungen, die jedoch nur dann als Trittsteine für innovative Entwicklungssprünge nutzbar werden, wenn sie nicht als »Störung« desavouiert werden. Eine solche »Störung« bietet die Formel der »Integration durch Differenzierung«: als hinreichend großen Handlungsspielraum dafür, die unmittelbar einsetzenden Immunreaktionen – auf eine allzu forsche Vorgehensweise bei der Integration von Systemen – zwar nicht komplett zu verhindern, so doch die damit verbundenen schismogenetischen Abstoßungsreaktionen auf ein Mindestmaß zu reduzieren. Unsere Erfahrung im Fall Alcatel-Lucent haben gezeigt, dass mit dem vorgegebenen Pfad einer linearen Integration beider Unternehmen jene Reaktionen eingetreten sind, die sich aus dem Konzept der Schismogenese heraus durchaus prognostizieren ließen. Zu dieser Erfahrung gehört auch die Einsicht, dass die Konsequenzen dieser Dynamik – einmal auf den Weg gebracht – kaum noch zu steuern sind.

Die Arbeit an einer »Integration durch Differenzierung« musste sich daher in unserem Fallbeispiel auf punktuelle Interventionen beschränken, die jeweils in der Arbeit »vor Ort«, d. h. der Bearbeitung der aktuellen und relevanten Themen der Beteiligten, relevant wurden. Hierbei bewahrheitete sich einmal mehr die Erkenntnis, dass die eingesetzten Tools & Toys ihre entsprechende Wirkung tatsächlich kontextabhängig und absichtsgetragen entfalten. Dass man mit einem Messer sowohl einen Mord begehen als auch ein Butterbrot schmieren kann, ist hinlänglich bekannt; auch die hier vorgestellten Vorgehensweisen und Werkzeuge entwickeln je nach Einstellung und Kontext, mit der und in dem sie benutzt werden, unterschiedliche Wirkungen. Erfolgskritisch für die Begleitung komplexer Fusionsprozesse sind also weniger die einzelnen Tools, die in den unterschiedlichen Phasen eingesetzt werden, sondern vielmehr die zugrunde liegende Logik, in der man sie verwendet. Wenn hier in der Grundanlage der Prozessarchitektur für einen Merger die entsprechenden Weichenstellungen erfolgt sind, bleibt die nachfolgende Begleitung des Zusammenschlusses weitgehend auf die punktuelle Eindämmung einzelner Brandherde beschränkt, die, angefacht von einem unter Druck reagierenden Management und der sich selbst verstärkenden Intensität der immer wieder neu provozierten Immunreaktionen, immer wieder aufflackern.

Wie aus der von uns gemachten Erfahrung heraus ein alternatives Vorgehen aussehen könnte, welche »gelernten Lektionen« sich also praxisorientiert aufsummiert haben – unsere Überlegungen dazu wollen wir im Folgenden zusammenfassen.

Halten wir uns dazu noch einmal kurz die Ausgangslage bei Unternehmenszusammenschlüssen vor Augen. Mitleton-Kelly, Professorin an der Londoner *School of Economics* und Leiterin des dortigen Complexity Research Program, fasst die Ergebnisse diverser Studien zu den Erfolgswahrscheinlichkeiten bei Mergers & Acquisitions wie folgt zusammen (Mitleton-Kelly 2004):

- Bei Ankündigung eines Merger oder einer Acquisition stieg der Wert der beteiligten Unternehmen lediglich in 30 % der Fälle.
- Synergien, die in diesem Zusammenhang projektiert wurden, werden in 70–80 % der Fälle nicht erreicht.
- Als Ursache wurde in den meisten Fällen auf den Faktor »Mensch«, d. h. Schwierigkeiten in der (grenzüberschreitenden) Kooperation, verwiesen.
- Fast 95 % der aus einem Merger heraus entwickelten neuen Produkte waren nicht erfolgreich am Markt.
- 65 % der strategischen Mergers & Acquisitions hatten einen negativen Shareholder-Value zur Folge.

- Diese negativen Konsequenzen (und die damit einhergehenden finanziellen Schwierigkeiten) werden in einigen Fällen überspielt durch eine Serie von weiteren Zukäufen.

- Vorstandsgremien, die sich auf diese Form der Problemlösung verständigten, gerieten in einen Teufelskreis: Die Aufmerksamt richtete sich auf den Zukauf weiterer Unternehmen statt auf die Integration der bereits zugekauften, was die Wertschöpfung erschwerte und den Zukauf von weiteren Unternehmen nahelegte ...

- Integrationsprojekte wurden aufgesetzt, aber die Personalressourcen, die man gebraucht hätte, um die Projekte tatsächlich umzusetzen, fehlten.

- Kunden und Belegschaft gerieten mehr und mehr in Vergessenheit.

Bereits aus der Einführung zu diesem Buch wissen wir, dass hier keine neuen Erkenntnisse zusammengetragen worden sind. Auch die ermöglichenden Faktoren, die Stellhebel also, mit denen für die Erhöhung der Erfolgswahrscheinlichkeit dieser Art von Unternehmenszusammenschlüssen geworben wird, haben weitgehend trivialen Charakter:

- Klare und ausreichend kommunizierte Vision und Ausrichtung.

- Eindeutige Identität der neuen Einheit (keine Gleichförmigkeit, aber Vorhandensein eines ein Sinns für die Kohärenz des Ganzen als Grundlage für das Spiel mit Unterschieden).

- Eine Führung, die das entstehende Führungsvakuum entschlossen besetzt, die neue (Aus-)Richtung artikuliert und neue Partnerschaften, Netzwerke und Allianzen befördert.

- Kooperationsbereitschaft der einzelnen Führungsebenen.

- Effektive und zeitgerechte Kommunikation des gesamten Integrationsprozesses einschließlich der zugrunde liegenden Logik des Zusammenschlusses (»Warum?«) und des Nutzens, der daraus für die Beteiligten entsteht.

- Klare Verankerung der Kernbotschaft im gesamten Unternehmen: »Das, was wir machen, ist gut und wird erfolgreich sein.« Diese Zuversicht muss spürbar sein.

- Beteiligung der Betroffenen: Je mehr Personen sich als Teil der Veränderung begreifen, desto erfolgreicher wird das Unterfangen.

- Auszeiten für die Reflexion des Geschehens, nicht nur Aktionismus und Feuerwehrmentalität.
- Ein gemeinsames Geschäftsmodell, das mit den Vorteilen für alle beteiligten Unternehmen rechnet.

Erinnern wir uns an die vorangegangene Beschreibung des Fusionsprozesses bei Alcatel-Lucent, wurde vieles davon auch tatsächlich berücksichtigt – kontinuierliche Kommunikationswellen etwa, mit denen Sinn und Zweck des Zusammenschlusses erklärt, die wesentlichen Vorteile plausibilisiert, das konkrete Vorgehen erläutert und die regelmäßigen Updates vermittelt wurden. Wir erinnern uns: »Lehrbuchmäßig abgelaufen« ist der Merger, so das Attest der Außenperspektive, »generalstabsmäßig geplant und umgesetzt.« Und doch ist er nicht so erfolgreich verlaufen, wie es durch diese Aussagen nahegelegt wird. Aufgrund unserer Ausgangshypothese sollte deutlich geworden sein, warum dem so ist. Die spannende Frage allerdings bleibt: Wie könnte ein alternatives Vorgehensszenario aussehen, und mit welchen Tools & Toys kann man in solch einem Prozess arbeiten, um die Grundlogik einer »Integration durch Differenzierung« stärker zu operationalisieren?

Men at Work: Die Arbeitsmatrix

Unsere Gedanken dazu haben wir mit einer Matrix unterlegt, die der grundlegenden Unterscheidung von Sach-, Sozial- und Zeitdimension folgt. Bei Letzterer folgen wir einer simplen Prozesslogik, die bei einer Unternehmensfusion drei wichtige Phasen unterscheidet: die Zeit des »Pre-Merger«, den »Day One« und den »Post-Merger«. Sach- und Sozialdimension finden ihren Niederschlag auf drei Ebenen (die in der gängigen Management-Literatur häufig angesprochen werden: die der Strategie, der Struktur und der Kultur. Daraus ergibt sich eine Arbeits- und Beobachtungsmatrix, die sowohl vom zeitlichen Ablauf als auch von der inhaltlichen Struktur und den zugrunde liegenden sozialen, d. h. kommunikativen Prozessen her eine Einordnung der einzelnen »gelernten Lektionen« ermöglicht und die sich nicht nur in der Praxis der Beratung und Begleitung des Merger bei Alcatel-Lucent weitgehend bewährt hat. Der Blick auf die in diesem Fall lokal eingesetzten Tools & Toys macht die vielfältigen Herausforderungen deutlich, mit denen solche Einsätze zur punktuellen Bekämpfung Flächenbrände immer konfrontiert sind.

	Pre-Merger	Day One	Post-Merger
Strategie	gemeinsamer Entwicklungsprozess	wissen, wohin die Reise geht und was das für mich heißt	Implementierungsdisziplin top down
Struktur	Kernprozesse bzw. Business-Model, danach Struktur	wissen, wo meine neue »Heimat« ist, an wen ich mich wenden kann	Vitalfunktionen, zuerst Staffing-Disziplin und Bindungsmanagement
Kultur	»Reflecting the Due Dilligence & Merger«	wissen, wie ich mit meiner Unsicherheit umgehen soll	Feedbackschleifen zum gemeinsamen Lernen
Prozesssteuerung	Projektorganisation, HR-Business, Partner und OD als PMI-Begleiter einsetzen	kontrollierte Offensive, Interaktion und Beteiligung	Pulse Survey, Change Agent Network, Best Practice Exchange, Success Story Telling

Tab. 2: Beobachtungsmatrix

Pre-Merger-Phase

Bereits während der Due Dilligence sollten nicht nur die »harten« Faktoren, wie etwa der Finanz- und Prozesskennzahlen, bewertet, sondern ebenso intensiv auch die »weichen« Faktoren in den Blick genommen werden. Bereits hier, in der frühen Pre-Merger Phase, werden dadurch Zeichen für die Zukunft gesetzt: »Wie offen gehen wir bereits hier miteinander um?« Vor dem Hintergrund der formalen Rahmenbedingungen und Vertraulichkeitsverpflichtungen (erinnern wir uns: Es gehen Konkurrenten aufeinander zu, und die Möglichkeit des Scheiterns der Verhandlungen ist durchaus gegeben) ist diese Frage nicht leicht zu beantworten. Und doch begegnen sich hier erstmals Führungskräfte, Mitarbeiter und Mitarbeiterinnen beider beteiligten Unternehmen, um in den oftmals eingesetzten »Integration Groups« die bestehenden Prozesse, Systeme, und Werkzeuge (kaum jedoch die bestehenden kulturellen Differenzen) zu erläutern. Statt von »Integration Groups« sollte hier eher von »Learning Groups« gesprochen werden, denn es geht im Grunde zunächst einmal darum, die jeweils andere Funktionslogik (weniger: die Menschen) gut zu verstehen und gemeinsam nach neuen Chancen für eine gemeinsame Zukunft zu suchen. Unter der Maßgabe der vorgegebenen Synergieziele herrscht jedoch meistens bereits ganz zu Beginn des Annährungsprozesses ein Klima des Misstrauens; das ist aufgrund der vorgegebenen Rahmenbedingungen zwar nachvollziehbar, nichtsdestoweniger aber ist es prägend für alle weiteren Folgeschritte. Hier kann Führung noch die größte Wirkung in der Beeinflussung des gesamten Fusionsprozesses erzielen: Statt der jeweils eigenen Errungenschaften, Prozesse und Sichtweisen (nach dem Motto: »An mir/uns kommt niemand vorbei«) könnte der Gedanke des wechselseitigen aufmerksamen Beobachtens und Lernens im Vordergrund stehen, was eher für eine Atmosphäre der Vorsicht denn des Misstrauens sorgen würde. Auch wenn dieser Gedanke zunächst naiv anmuten mag und nicht die Trägheitseffekte eingespielter Organisationsroutinen einbezieht: Zwischen Vorsicht und Misstrauen verläuft eine feine Grenze, die sich nicht zuletzt in dem Respekt aller (schon früh) Beteiligten vor der bevorstehenden Aufgabe niederschlägt. Folgt man fälschlicherweise dem verhaltensprägenden Aspekt von hierarchischer Führung (Stichwort: Rollenmodell), dann liegen genau im »Zauber des Anfangs« die entscheidenden Weichenstellungen für das Ausmaß der Verstörung der beteiligten Unternehmen, die in der Folge in die beschriebenen Reaktionen der Schismogenese münden.

Strategie
Bereits während der laufenden Due Dilligence sollte damit begonnen werden, eine gemeinsame Sicht auf Markt, Wettbewerb, Kunden, Lieferanten, Mitarbeiter etc. zu entwickeln. Eine entsprechende Strategiearbeit benötigt Zeit, weshalb es durchaus Sinn ergibt, zunächst einmal nur entsprechende strategische Eckpunkte festzulegen. Diese Eckpunkte geben den Rahmen vor, in dem die weiteren strategischen Implikationen ausgearbeitet werden. Die Ergebnisse sollten auch nach dem Day One noch modifizierbar sein, damit in die Entwicklung der Strategie sukzessive sämtliche Funktionen und Organisationsebenen eingebunden werden können (»Green-Field Approach«, d. h. die kon-

sequente Entwicklung neuer Zusammenhänge unter Absehung von bestehenden Sachzwängen). Dadurch wird die Chance deutlich vergrößert, dass solche strategischen Prämissen nicht als *top down* gegeben hingenommen werden, sondern Führungskräfte unterschiedlicher Ebenen die eingeschlagene Wegrichtung zu »ihrer« Strategie machen und sich entsprechend für eine erfolgreiche Umsetzung engagieren.

In erster Linie müssen in der Frühphase eines Merger die wichtigsten Stakeholder der beteiligten Unternehmen (Kunden, Mitarbeiter, Shareholder) orientiert werden. Welche Strategie wird mit der Fusion verfolgt? Wohin soll die gemeinsame Reise gehen? Wo wollen wir in fünf bis zehn Jahren stehen? Wie sieht das gemeinsame Unternehmen dann aus? Wofür stehen wir dann im Markt? Wer sind dann unsere Kunden und wer unsere Wettbewerber? Welche Ziele verfolgen wir kurz-, mittel- und langfristig, um unsere Vision zu erreichen? Wie messen wir unseren Erfolg? Wie steuern wir das gemeinsame Unternehmen? Welches sind die entsprechenden Kennzahlen hierfür? Der Fragenkatalog macht deutlich, dass eine Vielzahl von offenen Punkten zu klären ist, die mit den entsprechenden Verfahren anzugehen sind. Bewährt hat sich in diesem Zusammenhang das Verständnis von Strategiearbeit als »gemeinschaftlicher Führungsleistung«, mit der das Topmanagement seiner Verantwortung für die Zukunftssicherung des ihm anvertrauten Unternehmens gerecht wird.[7] Bei einem Merger kommt eine zusätzliche Dimension ins Spiel, die die Entwicklung der Antworten auf die oben gestellten Fragen erheblich erschwert. Zwei Perspektiven (Firma A und Firma B) müssen letztlich zu einem gemeinsamen »Big Picture« (zu einem gemeinsamen einer erfolgreichen Zukunft) zusammengeführt werden. Es ist anzunehmen, dass die jeweiligen Management-Teams beider Unternehmen ihre Märkte, Kunden, Wettbewerber etc. aus ihrer jeweils eigenen Perspektive betrachten. Der Abgleich der strategischen Prämissen, das Wissen und das Denken über die zentralen Einflussfaktoren und Entwicklungstendenzen in der jeweiligen Branche sowie der Blick auf die bestehenden eigenen Kernkompetenzen – all dies muss besprechbar gemacht, gemeinsam bewertet und schließlich in die daraus abgeleiteten Schlussfolgerungen für eine neue Unternehmensstrategie beider

---

7 Für die Auseinandersetzung mit weiteren Spielarten der Strategieentwicklung sowie ausführliche Hinweise zum methodischen Vorgehen siehe Wimmer und Nagel (2002).

Unternehmen einbezogen werden. Als nicht delegierbare Führungs-aufgabe gehört diese Arbeit weniger in die Hände externer Berater und interner Stäbe, sondern einzig und allein in die des Topmanagements. Neben dem bereits erwähnten methodischen Instrumentarium eines gemeinschaftlichen Strategieentwicklungsprozesses stehen hierfür eine Vielzahl von Tools und Vorgehensweisen zur Verfügung, die zur Unterstützung bei dieser Arbeit herangezogen werden können.»Blue Ocean Strategy Design« (W. Chan Kim, R. Mauborgne),»Großgrup-pen-Workshop-Designs« à la Worldcafé und Techniken der »Appre-ciative Inquiry« sind hier weiterführende Stichworte (vgl. dazu zur Bonsen 2003; Weisbord u. Janoff 2000; Königswieser u. Keil 2003).

Empfehlenswert ist es, diesen Prozess der ersten inhaltlichen Zu-sammenarbeit regelmäßig zu reflektieren. Außer auf die inhaltlichen Ergebnisse sollte auch auf den Diskussions- und Entscheidungsfin-dungsprozess sowie die vielfältigen sozialen Interaktionen geblickt werden. Dadurch kann von Anfang an ein Lernprozess in Gang gesetzt werden, der von externen Prozessberatern (OD-Spezialisten) begleitet werden könnte. Ein externer Berater kann unbefangen und mit viel größerer Neutralität auf die unterschiedlichen (sozialen) Aspekte des geplanten Merger schauen und daraus wertvolle Hinweise für das weitere Vorgehen ableiten. In solchen Reflexionsrunden könnte vor allem der Mehrwert der bestehenden Unterschiede herausgearbeitet werden, die jeweils an konkreten Beispielen festgemacht und dann regelmäßig der Belegschaft beider Unternehmen z. B. via Intranet oder in Newslettern kommuniziert werden. Bereits in dieser frü-hen Phase werden dadurch entsprechende Signalwirkungen erzeugt: zum respektvollen Umgang mit Unterschiedlichkeiten und dem ge-meinsamen Lernprozess, in den man sich mit Unterstützung eines (externen)»teilnehmenden Beobachters« begeben hat. So wird von Beginn an eine Vorbildwirkung erzeugt, mit der ein entsprechender Einfluss auf das operative Vorgehen der einzelnen Bereiche und Ge-schäftsfelder genommen wird. Die Ergebnisse solcher regelmäßigen Reflexionsrunden (z. B. Prozessfeedback nach einem Strategieent-wicklungsmeeting) sollten ebenfalls regelmäßig analysiert und die Erkenntnisse fortlaufend in die Entwicklung der »Corporate Values« und»Leadership Behaviours« einfließen.

Struktur

Ein wichtiges Erfolgskriterium für die gelungene Arbeit an den strukturellen Rahmenbedingungen der neuen Organisation ist ihre Unauffälligkeit. Im Grunde darf der Kunde nach dem Day One vom Merger nichts mitbekommen – erst dann sind das Design der Organisationsstruktur und die Rollenzuordnung an den Schnittstellen der wesentlichen Entscheidungsprozesse aufgegangen. Es gilt also unter allen Umständen sicherzustellen, dass die neue Organisation in ihren wesentlichen Teilen am Day One arbeitsfähig ist.

Nicht neu ist ebenfalls die Überlegung, die Struktur der neuen Organisation nicht an bestehenden Personen oder Interessengruppen auszurichten, sondern entlang den strategischen Prämissen. Erst wenn die strategischen Eckpunkte und Ziele vergemeinschaftet sind, können ein entsprechendes Business-Modell entwickelt und die Grobstruktur des Unternehmens festgelegt werden. Es bietet sich an, im ersten Schritt die für das eigene Geschäft zentralen Kernprozesse zu gestalten, und zwar vom Kunden ausgehend und wieder zum Kunden hinführend. Erst daran anschließend sollte die Organisationsstruktur entworfen werden. Direkt produktive Bereiche (Vertrieb & Marketing, Produktentwicklung) und vitale Support-Funktionen (Supply Chain, Finance) sollten im dabei Vordergrund stehen. Schlüsselfunktionen und -positionen sollten eindeutig bestimmt, die entsprechenden Funktionsstellenprofile klar definiert werden.

Bei einer ersten Zuordnung von Personen und neu geschaffenen Funktionen und Führungsebenen sollte auf gut durchmischte Teams (mit Personen aus beiden ehemaligen Unternehmen) geachtet werden. Einer der größten Hebel für Veränderung ist die Personalbesetzung, denn die Führungskräfte auf den oberen Management-Ebenen haben Vorbildfunktion bzw. eine Art »Footprint«-Charakter. Auf sie bzw. ihre Verhaltensweisen (Führungs-/Arbeitsstil etc.) achten die Mitarbeiter von Anfang an besonders aufmerksam.

Bei der Gestaltung der Prozesse und Strukturen sind die angestrebten Synergieziele (Personalabbau/»Right Sizing«) von Anfang an mitzudenken; aber auch der Komplexitätsgrad, der vor allem in global agierenden Konzernen in einer meist mehrdimensionalen Matrixorganisation zum Ausdruck kommt und bei dem Mitarbeiter und Führungskräfte häufig mehrere Berichtslinien haben. Wie viel Komplexität ist überhaupt noch sinnvoll zu verarbeiten, wo sind die

Grenzen, die nahelegen, die anwachsende Komplexität zu reduzieren bzw. einen produktiven Umgang damit zu lernen?

Bei den für den Markterfolg wesentlichen Funktionen (Vertrieb, Entwicklung, Finance) müssen Rollen und Verantwortlichkeiten und auch Schnittstellen so weit geklärt sein, dass mit nachvollziehbaren und schnellen Entscheidungen gerechnet werden kann. Insbesondere an den Außenflächen des Unternehmens, im direkten Kontakt zu seinen Kunden, sollte so viel Transparenz bezüglich der Folgen des Zusammenschlusses herrschen, dass der Eindruck von Desorientierung und organisationalem Durcheinander gar nicht erst aufkommt. Ebenso müssen Eskalationsprozesse für die in moderne Organisationen strukturell eingebauten Zielkonflikte nachvollziehbar gemacht werden.

Bei Alcatel-Lucent standen bereits früh in der Pre-Merger-Phase das Topmanagement-Team und das Integrationsteam (Integration Programme Office, IPO) fest. Damit waren erste Ansprechpartner klar benannt: Jeder wusste frühzeitig, dass Pat Russo (früher Lucent) CEO und Serger Tchuruk (früher Alcatel) Vorsitzender des Supervisory Board sein würde. Sehr schnell wurden dann in der Folge die nachgeordneten Ebenen festgelegt und intern veröffentlicht.

Bis zum Day One wurde ein Template zum Design von Organigrammen und Stellenprofilen sowie eine Staffing-Guideline erstellt, in der u. a. Kompetenz-/Leadership-Kriterien & notwendige Skills beschrieben waren, die bei der Personalbesetzung beachtet werden sollten. Aufgrund der bereits beschriebenen Schismogenesedynamik wurde allerdings bei der Gestaltung der mittleren und unteren Management-Ebenen zunehmend mehr auf die formalen und bestandssichernden Aspekte des Organisationsdesigns geachtet. Bei der Gestaltung der Organisation nutzte man das Organigramm des eigenen Chefs als Maßgabe. So entstand eine überaus komplexe Organisation, gespickt mit direkten und indirekten Berichtslinien. Ursprünglich orientiert an »Best of Both«, entstand am Ende eine Organisation aus »Best of Compromises«. Das bestätigte sich darin, dass die Neuorganisation nach dem Day One mehrmals nachgebessert bzw. vereinfacht werden musste. Bereits in der frühen Staffing-Phase führte die Veröffentlichung der (Nicht-)Nominationen zu einer ersten Kündigungswelle (zunächst überwiegend ausgelöst durch Manager von Ex-Lucent).

Der erste Merger-Ankündigung und die bereits dort veröffentlichte Ankündigung des synergiebedingten Personalabbaus wegen der Überschneidung von Funktionen/Positionen verursachten ein erster Kampf um Positionen. Begleitet von Fragen wie »Wie bringen wir unsere Leute in Position? Wie erreichen wir, dass unser Land eine bedeutende Rolle spielt?«, ergaben sich zum Teil Konflikte, die weiteres Material für die sich bereits zu diesem Zeitpunkt voll entfaltende Schismogenese lieferte. Man fing an, vom »Alcatel-Land« und »Lucent-Land« zu reden, je nachdem, wie die Mehrheiten verteilt waren – ein deutliches Indiz für die Immunreaktionen auf beiden Seiten.

Kultur

Neben Strategie und Struktur ist im Bereich der Kultur der wichtigste Stellhebel in der Pre-Merger-Phase die Personalauswahl, die unter dem Gesichtspunkt der Mitarbeiterbindung (Retention Management) vonstattengehen muss. Die Fragen hier lauten: Welcher der Leistungsträger soll unbedingt gehalten werden? Wer sind die benötigten »Vorbilder und Rollenmodelle« für die Zeit nach dem Zusammenschluss? Ein entsprechendes Staffing-Konzept und die Erarbeitung geeigneter, d. h. transparenter und nachvollziehbarer Auswahlkriterien gehören daher zu den ersten Aufgaben in der Zeit vor dem formalen Closing. Der Staffing-Prozess selbst muss mit höchster Disziplin bis auf die untersten Führungsebenen heruntergebrochen werden, sonst besteht bereits zu einem sehr frühen Zeitpunkt eine unruhestiftende Diskussion über »Bevorzugung«, die der Dynamik einer Schismogenese willkommene Anlässe dafür liefert, sich frei nach dem Prinzip des Selbstversorgers mit Nahrung zu versorgen. Natürlich wird man Gerüchte und entsprechende Propaganda nicht immer und vollständig verhindern können; und doch macht es einen Unterschied, ob es sich um Einzelfälle handelt oder die Flure der beteiligten Unternehmen voll sind von dem Summen einer Gerüchteküche.

Wie bereits erwähnt, entscheidet das grundlegende Prozessdesign bereits in dieser Frühphase weitgehend darüber, ob der Merger erfolgreich sein kann oder nicht. Im Topmanagement sollte daher eine »Transformation Roadmap« entwickelt werden, die sich der trivialen Grundannahme einer reibungslosen und additiven Integration verweigert und stattdessen auf den Umgang mit Differenzen abzielt. Von Anfang an sollte dabei auch definiert werden, wer den Transformationsprozess in der Rolle eines »teilnehmenden Beobachters« begleitet. Aus dieser Rolle heraus sind in diesem Zusammenhang auch die Fragen nach einem angemessen komplexen Organisationsmodell zu stellen, mit denen die Wahrnehmung des Topmanagements um den Aspekt der »kommunikativen Zusammenhänge« ergänzt wird. Es macht einen großen Unterschied, ob bei den Vorbereitungen auf einen Merger und bezogen auf die Vorannahmen über die eigene Organisation das Bild einer Maschine oder das eines eigensinnigen, lebendigen Systems handlungsleitend ist. In beiden Fällen ist mit entsprechenden Konsequenzen zu rechnen, die bei der Planung und Vorbereitung jeweils zu antizipieren sind. Bei entsprechend ausgeprägtem Rollenverständnis könnte dies der HR-Business-Partner in seiner Rolle als »Change Agent« sein, gegebenenfalls unterstützt von neutraler, externer Stelle, etwa durch erfahrene Organisationsberater. Bereits sehr früh in der Pre-Merger-Phase müsste dann entsprechend mit der Qualifizierung der HR-Business-Partner im Zusammenhang mit dem Thema »Veränderungskompetenz« begonnen werden; was dafür notwendig ist, diese Rolle adäquat auszufüllen, haben wir bereits hinlänglich beschrieben.

Im Fall von Alcatel-Lucent wurde insbesondere bei der Sensibilisierung bezüglich des tiefgreifenden Wandels, der im Zuge der Unternehmensfusion bereits früh antizipiert wurde, vonseiten der OD-Experten auf Kerninhalte aus dem »klassischen« Repertoire des Veränderungsmanagements zurückgegriffen.

Als Führungskraft Übergänge gestalten

	ENDE	NEUTRALE ZONE		ANFANG
Diagnose: Emotionen stehen im Vordergrund; es gilt, sie zu beachten.	Verleugnung Ärger Verhandlung Depression Akzeptanz	Angst Verwirrung Hilflosigkeit Apathie Ablenkung Ungeduld	neue Fokussierung kreative Ansätze	Hoffnung, neue Energie, Optimismus erleichtern es, Zusammenhänge zu erkennen.
laufende Unterstützung durch aufmerksame Führung	• Geduld • zuhören, ohne zu urteilen • Unterstützung bei Trauerarbeit • explizite & symbolische Schlussstriche • klare Kommunikation: Was ändert sich, was bleibt?	• temporäre Strukturen & Zwischenziele • Feiern von kleinen Erfolgen • laufende Kommunikation von Neuigkeiten • Fokus auf Sinn und Zweck des Unterfangens • Beteiligung organisieren • neue Wege ausprobieren		• nachhaltige Vision, Ziele und langfristige Pläne • Empowerment: »Packen wir's an!« • Belohnung und Anerkennung • Karriereplanung und weitere Entwicklung
		zwischen Widerstand & Unverständnis unterscheiden!		

Tab. 1: Phasen eines Übergangs

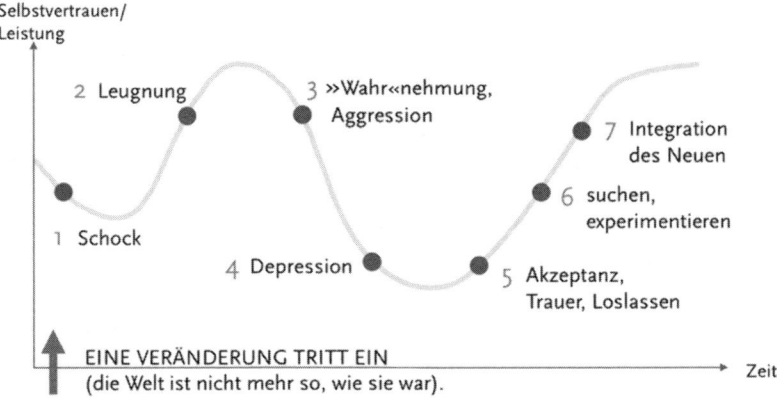

Abb. 5a: *Die emotionale Veränderungslogik verstehen ...*

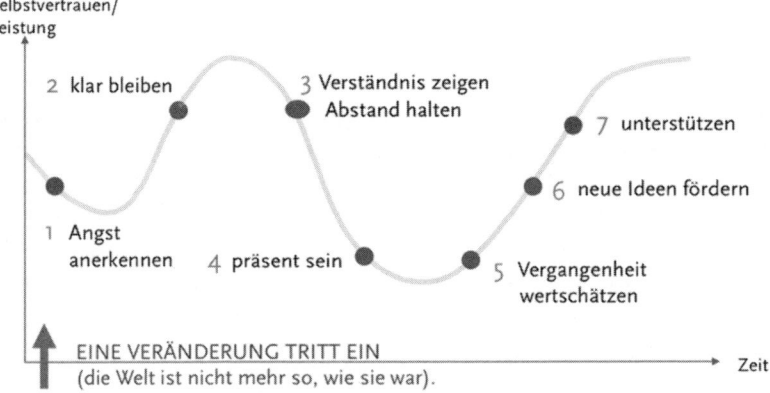

Abb. 5b: *... und das eigene Verhalten danach ausrichten*

In unserem Fallbeispiel haben wir ebenfalls gesehen, wie hilfreich die Unterstützung von Führungskräften durch ein eingespieltes Netzwerk von Experten tatsächlich sein kann; je früher sich diese Unterstützung konstituieren kann, desto gelassener kann man mit den Turbulenzen umgehen, die im weiteren Prozessverlauf unweigerlich auftreten werden. Es bietet sich daher an, bereits in dieser frühen Phase ein entsprechendes »Change Agent Network« ins Leben zu rufen und in der Organisation zu installieren. Der verantwortliche Leiter dieses Netzwerks sollte seinen festen Platz in dem Projektteam haben, das den Merger an oberster Stelle koordiniert. Im Fall von Alcatel-Lucent war dies das »Merger Integration Project Team« unter Pat Russo gewesen. Durch die direkte Anbindung dieser Funktion an den CEO wird sichergestellt, dass eine professionelle Begleitung aus der Sicht der Organisationsentwicklung von Beginn an am Puls der Dynamik beteiligt ist und damit über Gelegenheiten verfügt, geeignete Interventionen zu initiieren. In diesem Netzwerk sollten Vertreter aller wesentlichen Fachfunktionen vertreten sein, aber auch Experten für die Prozesssteuerung und -moderation (z. B. interne/externe Berater) wie auch junge Nachwuchsführungskräfte, die als sogenannte *high potentials* für die Strategie von morgen verantwortlich sein werden.

Wir hatten schon mehrmals darauf hingewiesen, dass insbesondere der Führung in dieser Phase der Unsicherheit und der vielen widersprüchlichen Gerüchte die Rolle zukommt, für Stabilität und Orientierung zu sorgen. Dies geschieht wie immer in Fällen radikaler Transformation durch eine verstärkte Präsenz und ein verständnisvolles Eingehen auf die Sorgen und Befürchtungen der jeweils unterstellten Mitarbeiter und Mitarbeiterinnen. »Walk the talk« (Ankündigung verwirklichen) lautet hier das entsprechende Motto. Sich der Unsicherheit und den Ängsten der Mitarbeiter zu stellen und dabei durchaus auch mal selbst Emotionen zu zeigen: Dies sind Schlüsselqualifikationen von Führungskräften, zu denen Sensibilität im Umgang mit bekannten und unbekannten Informationen noch hinzukommt. Ständig gilt es abzuwägen, welche Informationen bereits (an wen) weitergegeben werden können und welche davon man aufgrund der Vertraulichkeitsklauseln – ein hochsensibles Thema in der Pre-Merger-Phase – noch nicht kommunizieren darf. Der gekonnte Umgang mit der eigenen Unsicherheit und Unwissenheit ist hier gleichzeitig stabile Zone für sich selbst und Orientierungspunkt für andere.

Der Day One

Eine Stimmung verbreitend, die zwischen Zaudern und Euphorie, Resignation und Aufbruch, Showdown und Celebration balanciert, ist der offizielle Zeitpunkt der Verlautbarung einer Unternehmensfusion eine entscheidende Markierung im gesamten Prozessdesign. Die Hoffnung, mit neuen Kollegen und Kolleginnen ein neues Unternehmen von Grund auf neu auszurichten, vermischt sich an diesem Tag mit der Realität der bereits anderswo gescheiterten Versuche und der eigenen Skepsis bezüglich der Erfolgsaussichten wie auch der Unsicherheit bezüglich der eigenen Positionierung. Dennoch ist dieses Ereignis immer auch Grund zum Feiern, wird zumindest in den Headquartern der beteiligten Unternehmen gebührend zelebriert und als Startschuss für den weiteren Prozess der Integration gesehen. Was bis dahin meist hinter verschlossenen Türen verhandelt wurde, ist nun offiziell verfügbare Information und kann dazu genutzt werden, sich über die laufende Gerüchteküche hinaus mit *facts and figures* zu versorgen, um so eine halbwegs valide Einschätzung der (eigenen) Lage zu bekommen.

So wichtig die symbolische Markierung dieses Datums durch entsprechende Feierlichkeiten auch ist: Der Day One ist über die Party hinaus eine gute Gelegenheit, gerade seitens des Topmanagements auf die konkreten Herausforderungen einzugehen, die zum Merger geführt haben, die strategischen Prämissen zu erläutern, die dem Geschäft zugrunde liegen, den konkreten Auftrag und Masterplan für das weitere Vorgehen vorzustellen und ihre Umsetzung in den Regionen und Ländern offiziell zu starten. Bewährt haben sich hier insbesondere interaktive Formate, die explizit auf die Beteiligung der eingeladenen Teilnehmer und Teilnehmerinnen drängen. Statt »Musik von vorn« also Diskussionsrunden und Gelegenheiten zur gemeinsamen Auseinandersetzung, damit die Mitarbeiter und Mitarbeiterinnen sich eine Basis für die Verarbeitung der zu Verfügung gestellten Informationen verschaffen können. Dazu gehören auch Großgruppen-Workshops in den einzelnen Landesgesellschaften oder Business Units, die sich an bestehenden Formaten (Future Search Conference, Szenario-Workshops, Worldcafé etc.) orientieren und damit so gestaltet und moderiert sind, dass genügend Raum dafür entsteht, die vielen neuen Informationen gemeinsam zu verarbeiten und erste vorläufige Antworten auf die Fragen der persönlichen Verortung (»Was bedeutet das für uns? What is in it for me?«) zu finden. In der Unterscheidung von Information und Kommunikation fanden diese Einsichten ihren Niederschlag.

Strategie

Die Kernfrage in der strategischen Dimension zum Zeitpunkt des Day One lautet zugespitzt: Welche Inhalte der Strategie sollten in welchem Detaillierungsgrad vorliegen? Wie viele neue Informationen über die wesentlichen Kernaussagen der vorgestellten Strategie können aufgenommen werden? Hier eine gute Balance im Abstraktionsgrad zu halten fällt nicht leicht: Auf der einen Seite muss der strategische Rahmen abstrakt genug sein, damit auch eine Idee des größeren, sinnstiftenden

Zusammenhangs im gesamten Geschehen vermittelt wird, auf der anderen Seite müssen genügend konkrete Informationen vorhanden sein, damit sich die Menschen eine erste Vorstellung davon machen können, was tatsächlich als Nächstes passieren wird. Nach all der Zeit vertraulicher Arbeit ist die Gefahr eines Zuviel an Informationen am Day One sehr groß. Zwingend vorliegen sollte allerdings zum formalen Startschuss für das Beschreiten des zukünftigen gemeinsamen Weges die folgende informative Grundausstattung:

- Ein Statement zur Vision & Mission: Damit werde die neue, gemeinsame Ausrichtung am Markt und die geplanten Synergieeffekte bzw. der Mehrwert der Fusion deutlich herausgestellt.
- Ein Grundset an Strategieaussagen: Damit werden erste konkrete Ziele transparent gemacht, die von jedem einzelnen Topmanager gleichermaßen verstanden und interpretiert werden (und die dann im Rahmen der üblichen Top-down-Kommunikation im gleichen Wortsinn wiedergegeben werden können).
- Das Business-Modell bzw. das Business-Operation-Modell und die Grundstruktur des Unternehmens: Hier geht es vor allem darum, allen Beteiligten klarzumachen, welche konkreten Veränderungen im Vergleich zu den beiden Vorgängerorganisationen angegangen werden und warum.
- Angebote zur Auseinandersetzung mit der persönlichen Dimension des Merger: Die Arbeitsfähigkeit der Belegschaft soll nicht unnötig belastet werden (»Wohin soll die Reise für mich persönlich gehen?«)

Entsprechende Werkzeuge (z. B. der Einsatz einer Transformation Roadmap, mit der transparent gemacht wird, wie der Gesamtprozess und das Monitoring der einzelnen Teilschritte gestaltet werden, oder ein erster Plan mit Eckpunkten, der Auskunft darüber gibt, wie die nächsten Schritte unter Beteiligung der Mitarbeiter zu gestalten sind) helfen, der Gefahr des Informationsüberflusses wirksam zu begegnen. Schlüssel ist hier immer der Anteil der Beteiligung, zu der eine Einladung (implizit oder explizit) ausgesprochen wird, damit aus einer Informationsveranstaltung ein lebendiges Forum des Dialogs und des Austauschs wird. Wenn der »Blick nach oben« aus gegebenem Anlass (noch) keine Orientierung geben kann und der Rückzug in eine abwartende Haltung (»Hände in den Schoß legen«) vermieden werden soll, dann ist die gemeinsame Selbstvergewisserung im aktuellen Geschehen ein probates Mittel dafür, Handlungsfähigkeit und Grundsicherheit rasch wiederherzustellen.

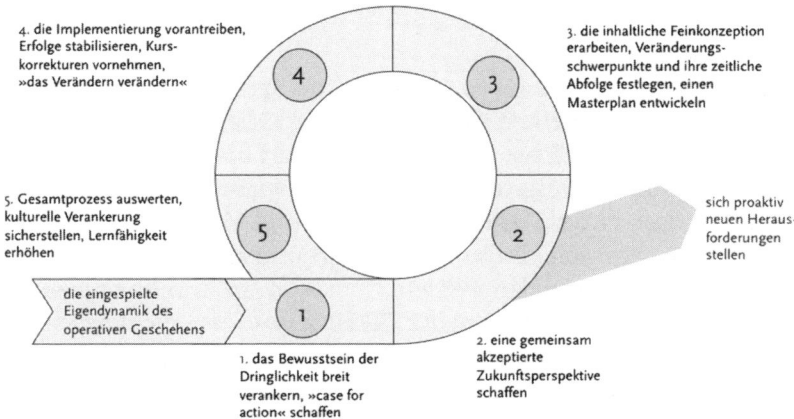

Abb. 6: Professionelles Change-Management

Die Abbildungen 6 und 7 dienen als Beispiel dafür, wie im Falle von Alcatel-Lucent die Grundlage für diese Form der (kognitiven) Orientierung ausgesehen hat. Zentrale Intention solcher Informationen ist die Idee, durch die Vermittlung von Prozesssicherheit über die inhaltlichen Leerstellen hinweg für gemeinsame Navigationshilfe zu sorgen.

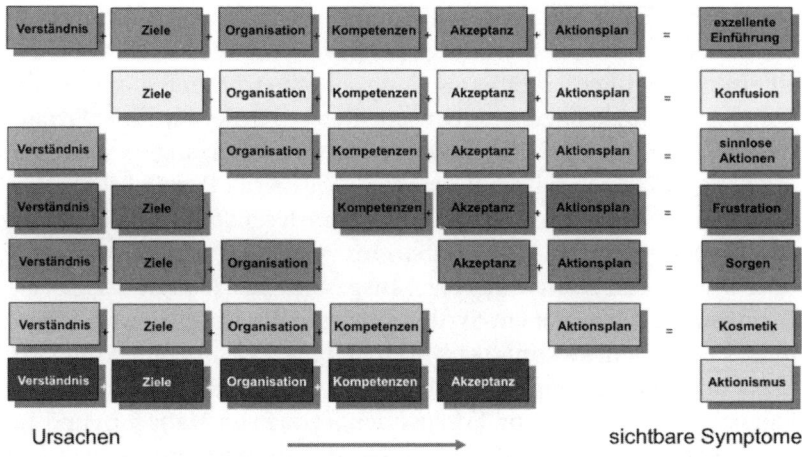

Abb. 7: Wie ruiniert man einen Veränderungsprozess?

Durch kollektive Verarbeitungsformate wird aus der Information ein kommunikativer Zusammenhang, der die daran Beteiligten in einen Prozess der gemeinsamen Sinnstiftung einbindet.

Struktur

Hilfreich und sinnvoll ist es, am Day One herauszustellen, dass es sich bei den vorgestellten Organigrammen, Geschäftsmodellen und Strukturplänen zunächst einmal um die Start-up-Organisation handelt, die fortan sukzessive angepasst wird. Wichtig ist ebenfalls der Hinweis, dass in der Folgezeit die Rollen und Verantwortlichkeiten auf allen nachfolgenden Ebenen definiert und die Mitarbeiter dabei angemessen eingebunden werden. Gerade in Großunternehmen ist die Komplexität im Design neuer Geschäftsprozesse nicht zu unterschätzen, denn diese Komplexität führt häufig dazu, dass mehrmals »nachgebessert« werden muss. Sofern dies bereits zu Beginn klar und deutlich angekündigt wurde, besteht kein Grund zur Sorge wegen erodierender Glaubwürdigkeit der verantwortlichen Führung.

Wann immer möglich, sollte eine neue Organisationsstruktur allerdings bereits auf den ersten zwei bis drei Führungsebenen fixiert sein, damit möglichst viele Mitarbeiter und Führungskräfte eine erste Vorstellung von ihrer zukünftigen »Heimat« und den entsprechenden Berichtslinien haben, im Sinne von: »Wer ist ab morgen mein Ansprechpartner?«

Parallel zu visuellen Orientierungshilfen sorgen entsprechende Kennzahlen für die Ausrichtung an erfolgskritischen Leistungsgrößen. In unserem Fallbeispiel galten allerdings (wie in vielen anderen Unternehmen und trotz des Siegeszugs der BSC – Balanced Score Card, das ist ein ganzheitlich orientiertes Controllinginstrument) zunächst die üblichen Finanzkennzahlen (Umsatz, Kosten, Order-Pipeline, Ertrag). In der Region Europe & North wurde zwar im Nachgang versucht, zusätzliche KPIs einzuführen (Customer-, Business-, People-KPIs). Aber auch hier zählte primär das *short-term/quarterly result* mit dem Ergebnis, dass sich die gesamte Organisation im Prinzip das ganze Jahr 2007 über im »Krisenmodus« bewegte. Insgesamt passte man das globale Performance-Management-System (Zielvereinbarung, variable Vergütung, Personalentwicklung) erst nach und nach an, um eine Kultur der »Leistungsorientierung« zu etablieren bzw. weiter auszubauen. Zur Stärkung der Bindung und Erfolgsorientierung von Managern und Talenten wurde dabei verstärkt auf das (nicht unumstrittene) Instrument der Stock Options (Aktienoptionen) zurückgegriffen.

Auf spezifische Widersprüche und Paradoxien, wie z. B. auf das ja
nicht gerade triviale Verhältnis von »Cost Cutting vs. Growth« (Kosteneinsparungen vs. Wachstumsinitiativen), wurde vonseiten des Topmanagements nicht eingegangen. Hier sind entsprechend vorbereitete
Masterstorys mehr als hilfreich (in der Kurzvariante auch als *elevator
pitch* bekannt – wie erkläre ich jemandem, den ich morgens im Fahr-
stuhl treffe, die wesentlichen Aspekte dieses Zusammenschlusses?). Je
konsistenter der »case for action« (Anlass zum Handeln) festgeschrie-
ben wurde (womit die Frage »Warum ab jetzt anders?« beantwort-
barer wird), desto klarer kann vonseiten der Führung mit der häufig
einsetzenden Sprachlosigkeit der Mitarbeiter und Mitarbeiterinnen
umgegangen werden. Es versteht sich von selbst, dass dabei auf all
die glatten Formulierungen des »Management-Neudeutsch« verzich-
tet werden sollte, hinter denen sich meist nur leere Worthülsen und
allgemeine Phrasen verstecken. Hilfreich sind in diesem Zusammenhang all die Konzepte, die unter der Überschrift »Story Telling« den
sinnstiftenden Charakter von Kommunikationsgelegenheiten betonen
und Führungskräften entsprechendes Werkzeug an die Hand geben,
damit sie die Dramaturgie solcher Geschichten professionell ausge-
stalten können (Loebbert 2003). Dieser Aspekt leitet direkt über zur
kulturellen Dimension von Unternehmenszusammenschlüssen.

Kultur

Kommunikation steht während des Day One im Mittelpunkt: alle Beteiligten haben das Recht auf glaubhaft vermittelte Informationen über
zentrale Fragestellungen des Merger. Warum der Zusammenschluss?
Wohin wollen wir? Welche Erwartungen werden damit verknüpft?
Wo kommen beide Unternehmen her, was bedeutet das für mögliche
(interne wie auch externe) Konfliktdynamiken? Wie sollen Gemein-
samkeiten, aber eben auch Unterschiede gezielt genutzt werden? Wie
wird das erste gemeinsame Jahr aussehen, welches sind da wichtige
Initiativen, Programme? Es geht insbesondere darum, Prioritäten
deutlich herausstellen. Gerade im ersten Jahr nach dem Zusammenschluss ist eine Fokussierung auf wichtige Initiativen und Projekte
besonders wichtig, da über die Arbeit an einer gemeinsamen Sache
die Vergemeinschaftung und das Wir-Gefühl als »One Company«
deutlich unterstützt wird.

Während des Day One geht es nicht um ein gute Inszenierung,
gefragt sind weniger die Show, gute Laune und all die überoptimisti-
schen Zukunftsentwürfe, sondern vielmehr der Ausweis der aktuellen

Situation, die ernst zu nehmende Einschätzung der Chancen und Risiken der Fusion, aber auch Stärken und Schwächen der beteiligten Unternehmen. Der Verweis auf die nächsten konkreten Schritte im Transformationsprozess plus die dazugehörende Zumutung tiefgreifender Veränderungen, die explizit den Aufbau von Change Management Skills erfordern werden, wird im Regelfall als klare Ansage nachvollzogen und führt nicht zur Verunsicherung, sondern stärkt die Glaubwürdigkeit des verantwortlichen Managements (»Die wissen, wovon sie reden, und machen uns wenigstens kein X für ein U vor«). Die zentralen Kernbotschaften des Merger müssen sitzen, dann ist die daneben natürlich noch vorhandene Unsicherheit kein Grund, die Schotten dicht zu machen. Im Gegenteil: Nichts macht in der bestehenden Situation unsicherer als die Behauptung des Managements, alles im Griff zu haben. Sofort fühlt man sich an den Untergang der Titanic erinnert, auf der bis zum letzten Moment genau diese Durchhalteparolen ausgegeben wurden, wiewohl allen Betroffenen der Ernst der bestehenden Lage mehr als deutlich vor Augen stand. Mitarbeiter und Führungskräfte sind belastbarer, als oft vermutet wird – und nicht zuletzt speist sich die Autorität einer Führungskraft zu großen Teilen daraus, wie treffend und seriös die bestehende Lage jenseits allen Zwangsoptimismus eingeschätzt wird bzw. wie nachvollziehbar und glaubwürdig diese Einschätzung kommuniziert werden kann.

Ein gutes Beispiel für den sensiblen und effektiven Umgang mit Kommunikation zeigt im Fall von Alcatel-Lucent die Präsentation des Senior Leadership Team EU/NO »Communication Guidance: People & their Organization in EU/NO«. Dort wurden die Führungskräfte der Region in Form von Leitlinien bei der Gestaltung der eigenen Kommunikationsprozesse unterstützt: »Was kann bereits wie kommuniziert werden? Welches sind die nächsten Schritte? Wann kommt der Merger bei mir an? Wo finde ich welche Informationen, die ich für die eigene Kommunikation nutzen kann?«

Communication Guidance
- Be concise and clear: Provide background and context, but get to the point quickly and clearly
- Own the message: Take full responsibility as a Leader to won the message and decisions you are communicating on behalf of the company. Address the issues. Do not »walk away« from decisions,

do not blame others inappropriately or »pont the finger«. Avoid subjective or value judgements.

- Two-way communication: Let's use any opportunity for communication to understand what's going on in the minds of our people – their concerns, their ideas for improvements, their motivation, what are they heraring? What is their interpretation?...
- Look for non-verbal communication: Tune into non-verbal signs – are things abnormally quiet around you? Do you see »corridor conversations/huddles« taking place? What does Employees' body language tell you about how they are reacting?
- Communicate in a timely way: Ensure Employees do not hear important information which impacts them from external sources outside your team. Provide regular, timely updates.
- Face-to-Face Communication: If you are communicating change of any kind – it is always best to meet people face-to-face. Carefully choose the right time and place.
- Methods: Direct; Town Hall, Site Visits, Face-to-Face, Conference Call, supported by email communication and follow-up; intranet sites, open door policy, informal »coffee sessions«, round table discussions, Luchtime get-togethers – be accessible and visible!
- Effective Communication takes preparation: Plan carefully what you want to say, why and how. We are a multi-cultural, multi-langual, multiple-country, virtual team – everyone must hear and understand your message.
- Focus on those Employees most impacted: Many positions will stay in their current organizations and reporting structures. Employees will follow their work. However, some things will change. Pay particular attention to Employees who face more significant changes. Arrange pre-meetings, and/or follow-up meetings with these groups or individuals.
- Stay aligned with country schedules and processes: Whatever the scenario – Leaders must align with counry schedules, processes and protocols.
- Restructuring: All the times information about restructuring, baselines, synergy targets, final results, of job mapping will be managed and confirmed by in-country management teams according to the (different) local practices and in close alignment with HR.
- Disclaimers: Although it is important to creat as much clarification and stability for Employees as possible, please create realistic expectations. The organization will continue to change as it settles into the new model. And, by inviting Emplyees to meetings or including them on emails – does not necessarily imply that they are definitely part of your organization, and/or for the long-term.

> They are however likely to be close enough to your business, at
> this point, that the information will be of interest.

Im Nachgang wurden darüber hinaus Quick Wins und Success Stories
(Geschichten von ersten Erfolgen) auf globaler und regionaler Ebene
im Intranet veröffentlicht, die regelmäßig von Videocasts (den »CEO
Messages«) von Pat Russo und ihrem Management-Team ergänzt
wurden. Ein »Leader's Resource Pack« (Werkzeugkasten für Führungskräfte) wurde zusätzlich für alle Führungskräfte zusammen-
gestellt – dort wurden die wesentlichen Kernpunkte professioneller
Steuerung von radikalen Veränderungen zusammengefasst und anschaulich beschrieben.

Die Tage und Wochen nach dem Day One standen dann im Zeichen
von »Leadership Kick-off Meetings«. Bei diesen Meetings versammelten
sich verantwortliche Führungskräfte und setzten sich mit der Strategie,
den Zielen und dem Aktionsplan für die ersten 100 Tage auseinander.
Kernfragen waren dabei auch die Aspekte »Was davon kommunizieren
wir an unsere Mitarbeiter auf den nächsten Ebenen?« und »Wie stellen
wir sicher, dass wir alle dieselben Kernbotschaften vermitteln?«

Natürlich darf in diesem Zusammenhang der Hinweis nicht
fehlen, dass es aus Sicht der Führung klug ist, klare Botschaften und
Erklärungsmodelle bezüglich der typischen Konfliktdynamiken zu
vermitteln. Damit rechnet man bereits auf Seiten der Belegschaft,
und es wäre töricht, so zu tun, als ob dies zu den unangenehmen
Überraschungen gehörte, die einen beim Merger ereilen. Spannend
ist in diesem Zusammenhang die Frage nach den Unterstützungsmög-
lichkeiten, die (von wem?, wann?, in welcher Form?) zur Verfügung
gestellt werden, damit die größten Klippen der Konfliktdynamiken
umschifft werden können. Hilfreich sind hier die Nennung bereits
feststehender Ansprechpartner/Change Agents, die als Sparrings-
partner nutzbar sind, und der Zugang zu entsprechenden Change
Management Tools, die im Intranet verfügbar gemacht werden können, etc. Das enge Zusammenspiel von HR/OD und den zuständigen
Stellen der Unternehmenskommunikation – in der Regel mit der
Durchführung solcher Ereignisse beauftragt – ist hierbei ein Erfolgs-
garant für die glaubhafte Aufladung des Day One. Erst in einer gelungenen Mixtur aus adäquatem Event und glaubhaftem Dialog bzw.
ernst gemeinter Beteiligung wird dieser Tag zu einem symbolischen

Ereignis, mit dem der Beginn der neuen Ära zukünftiger Kooperation eindrucksvoll markiert wird.

Wir hatten bereits darauf hingewiesen, dass die laufende Kommunikationsarbeit dann erschwert wird, wenn etwa aufgrund gesetzlicher Notwendigkeiten unterschiedliche Geschwindigkeiten bei »Legal Entity Mergern« (bei dem Zusammenschluss der formalen Einheiten) entstehen. Die dadurch ausgelösten Phasenverschiebungen hinsichtlich der Change-Management-Steuerung verlangen in der Kommunikation nicht nur zwischen den bestehenden Hierarchieebenen, sondern auch zwischen den unterschiedlichen Ländern und Geschäftsbereichen von allen Beteiligten ein hohes Maß an Disziplin und Beharrlichkeit, damit das richtige Timing für die unterschiedlich gestaffelten Informationsnotwendigkeiten eingehalten wird.

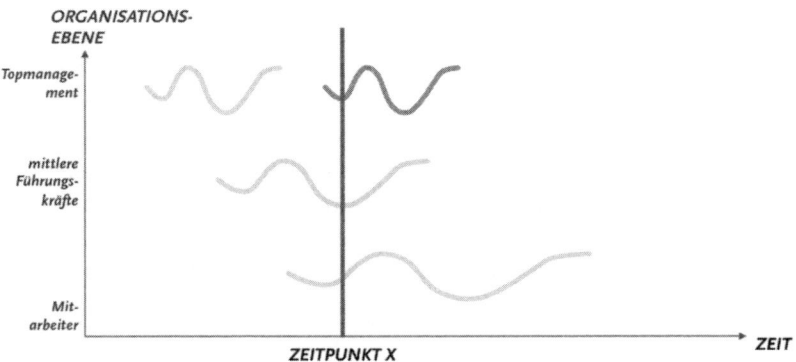

Abb. 8: Die zeitliche Phasenverschiebung zwischen Organisationsebenen erfordert von Führungskräften besondere Kommunikationsanstrengungen

Post-Merger-Phase

»Die Mühen der Ebene«: So könnte man den nun folgenden Prozess der arbeitsintensiven Annäherung der beteiligten Unternehmen pointiert zusammenfassen. Im laufenden Alltagsgeschäft erst kristallisiert sich heraus, was in den Köpfen der Architekten des Merger bereits längere Zeit geplant worden war. In der Tat ergeben sich erst in dieser Phase eines Unternehmenszusammenschlusses erste Hinweise darauf, ob das angesetzte Kalkül so aufgehen wird wie geplant oder ob das ganze Unterfangen in einem Misserfolg endet, der bis zur Rückabwicklung der Fusion gehen kann.

Strategie

Folgen wir der aufgespannten Vorgehensmatrix und betrachten zunächst wieder die strategische Dimension der Post-Merger-Phase. Welches sind dort die »gelernten Lektionen«, mit deren Umsetzung die Wahrscheinlichkeit gesteigert werden kann, die in dieser Phase sich verstärkender Dynamik einer Schismogenese einzudämmen? Bezüglich der weiteren Strategiearbeit geht es vor allem darum, in den Management-Teams auf den nachgelagerten Management-Ebenen gemeinsam ein Konzept zur Strategie-Implementierung zu erarbeiten. Hierbei steht die Frage im Vordergrund: »Welchen Beitrag leisten wir zur Implementierung der (globalen) Unternehmensstrategie?« Wie in seriösen Strategieentwicklungsprozessen üblich, werden dabei wichtige Kunden und Lieferanten direkt mit eingebunden. Die starke Innenfokussierung, die durch das Merger-Geschehen permanent befördert wird, macht eine deutlich stärkere Blickausrichtung des gesamten Unternehmens auf die Markt- und Kundenbedürfnisse notwendig. In der weiteren Folge wird es daher darum gehen müssen, die Organisation auf allen Ebenen zum Kunden hin auszurichten – und diese Notwendigkeit immer wieder in entsprechenden Kommunikations- und Feedbackprozessen zu transportieren.

Die Aufnahme strategischer Projekte in die bestehende »Transformation Roadmap« stellt sicher, dass sich der Merger-Prozess nicht von den überlebenswichtigen Fragen des Unternehmens abkoppelt. Werden dort erste Ergebnisse erreicht, gilt es, sie als »Quick Wins« zu kommunizieren und die entsprechende Erfolgsgeschichte als Signal für positive Entwicklungen weiterzuvermitteln. Der Transfer von Best-Practice-Lösungen macht die erarbeiteten Problemlösungen für den Großteil des Unternehmens nutzbar und ist ein weiteres Signal dafür, wie in spezifischen Kontexten trotz aller Immunreaktionen positive gemeinsame Erfahrungen gemacht werden können. Auch wenn solche Lösungen in den seltensten Fällen direkt in andere Unternehmensbereiche übertragen werden können, machen sie doch neugierig auf mögliche Ausnahmen und gelungene Kooperationen. Trotz kulturell unterschiedlicher Arbeitsweisen ist die Wahrscheinlichkeit eines gewissen Nachahmungseffekts durchaus gegeben – die entsprechenden Spielräume zum Adaptieren vorausgesetzt.

Last, but not least geht es darum, wenige, aber bereits belastbare und herausfordernde Key Performance Indicators (KPIs) zu entwickeln und entsprechend zu kaskadieren. Ein konsistentes Herunterbrechen dieser Stellgrößen bis auf die Ebene der lokalen Geschäftsprozesse ist ein organisatorischer Kraftakt, der einiges an Disziplin und auch Ausdauer von den beteiligten und betroffenen Führungskräften verlangt.

Mit einem durchgängigen Set von beobachtbaren Messgrößen ist allerdings auch die erste Grundlage für eine leistungsbezogene Performance-Beurteilung gelegt, die in der Folge an Jahresziele und persönliche Ziele (Bonus-Programm) gekoppelt werden kann und damit das kontinuierliche Arbeiten an den gleichen Zielen sicherstellt. Im ersten Jahr nach dem Unternehmenszusammenschluss empfiehlt es sich allerdings, alle Mitarbeiter im Wesentlichen an nur an zwei Zielen zu messen: an Umsatz- und Profitzielen (das sind die harten Kennzahlen) und an Kooperationszielen (das sind die weichen Kennzahlen, wie z. B. das Abschneiden bei einer Mitarbeiterbefragung, bei der die Frage nach der Kooperation explizit gestellt wird). Übersteigt die Zahl der KPIs gerade in dieser Zeit eine angemessene Größe, so trägt der Prozess der Leistungsmessung und des Monitorings nicht mehr zur weiteren Fokussierung bei, sondern stiftet zusätzliche Verwirrung an empfindlicher, da gehaltsrelevanter Stelle.

Zielvereinbarungssysteme, vor allem diejenigen, die an variable Vergütungsbestandteile gekoppelt sind, stoßen im ersten Post-Merger-Jahr an ihre Grenzen. Warum? Da Ziele zu Beginn des ersten Jahres noch nicht belastbar definiert werden können und der gemeinsame Lernprozess Anpassungen zulassen muss, ergibt es mehr Sinn, im Jahr 1 den Bonus an das Gesamtergebnis des Konzerns zu koppeln und die persönlichen Ziele mit dem Erfolg der Change-Prozesse bzw. der gelungenen Kooperation zu verknüpfen.

Struktur

Um auch auf der strukturellen Ebene die Wahrscheinlichkeit schismogenetischer Reaktionen möglichst nicht zu erhöhen, empfiehlt sich die Arbeit an gemeinsamen bereichs- und länderübergreifenden Projekten. Durch die Bearbeitung von Herausforderungen, die durchaus sehr anspruchsvoll sein können, entstehen an den verschiedensten Punkten in der Organisation immer wieder Gelegenheiten, aus den überkommenen und mühevoll verteidigten Routinen der Vergangenheit auszubrechen und in einer gemeinsamen Anstrengung etwas Neues, Drittes entstehen zu lassen. Im Fall von Alcatel-Lucent war dies die Initiative »Operational Excellence«. Konzipiert als Versuch der Harmonisierung der unterschiedlichen Prozesse, diente das Projekt vor allem an den Nahtstellen einzelner, neu zusammengesetzter Organisationseinheiten als eine Art »Container« dafür, aus den bestehenden Lösungen, Leistungsprozessen und zu festen Strukturen geronnenen Erwartungsbündeln eine bessere als die bislang bestehende Lösung zu erarbeiten. Mit der Maßgabe, »eine möglichst einfache Prozessorganisation zu entwickeln«, konnte sich parallel zum Projektfortschritt auch neue Strukturen herausbilden, die ausprobiert und bei entsprechendem Erfolg auch umgesetzt wurden. Trotz der vielfach vorhandenen Reibungspunkte war das Projekt »Operational Excellence« ein erstes gemeinsames Unterfangen, das auf der strukturellen Ebene für Klärung vieler offener Fragen sorgte.

Dies war bei Alcatel-Lucent insofern von größerer Bedeutung, als die Rückmeldungen aus der Belegschaft (Stichwort: Pulse Surveys) auf typische strukturbedingte Kernprobleme hinwiesen:

- unklare Rollen und Verantwortlichkeiten
- unklare und zu langsame Entscheidungsfindung
- zu komplexe Struktur wegen zu vieler Schnittstellen, Überlappungen und Duplikationen
- unklare Prozesse, womit das Gefühl verbunden war, dass die Prozesse im jeweiligen Ex-Unternehmen viel effizienter gewesen seien.

Zusammenfassend lässt sich festhalten: Wo immer es gelingt, Prozesse gemeinsam neu zu designen bzw. zu optimieren, wächst die Wahrscheinlichkeit des »Involvements«, der Beteiligung der dafür zuständigen Führungskräfte und Mitarbeiter. In »Shared Expectation Sessions« können bestehende Schnittstellen geklärt und neue Verantwortlichkeiten definiert werden. Da es dabei in der Regel immer wieder zu durchaus konfliktanfälligen Situationen kommt, die sich aus den tief verankerten Gewohnheiten und Mustern beider Ex-Unternehmen speisen, lohnt der Einsatz neutraler Begleiter/Moderatoren (Change Agents), die in der Lage sind, diese Konflikte immer wieder in produktive Auseinandersetzungen im Sinne einer »Verflüssigung« bestehender Routinen zu verwandeln.

Interessanterweise lässt sich immer wieder beobachten, wie sozusagen »zwischen den Zeilen« der offiziellen Organigramme vor allem in den expertenorientierten Bereichen des Unternehmens »Communities of Practice« entstehen, die aus der Notwendigkeit der Praxis heraus das vorhandene Wissen in Bezug auf spezifische Problemstellungen teilen und dabei über die bestehenden Grenzen von Abteilungen, Funktionen und Ländern hinweg Expertennetzwerke bilden, die ganz auf den unkomplizierten und weitgehend machtfreien Austausch von spezialisiertem Know-how ausgerichtet sind. Aus der Sicht der Führung sind solche »informellen« Netzwerke und *knowledge communities* zu fördern – wo immer es gelingt, ihrer tatsächlich habhaft zu werden.

Kultur

Auf der kulturellen Ebene gibt es zunächst einiges an Missverständnissen auszuräumen, bevor über sinnvolle Handlungsfelder und wirksame Interventionen nachgedacht werden kann. Wie bereits ausgeführt, gilt die größte Sorge dabei einer managerial verkürzten Vorstellung von Kultur, die in dieser Lesart als eine Art »Auffangbecken« für alle Phänomene hergenommen wird, die sich dem direkten instruktiven Zugriff des Managements entziehen. Aus der Überzeugung heraus, dass Kulturen – ähnlich wie Organisationen – frei nach dem Prinzip von Ursache und Wirkung direkt gesteuert werden können, entstehen eine Überhöhung und zugleich Abwertung der bestehenden, am Merger beteiligten Kulturen. Sei es die nationale Kultur oder die eines spezifischen Bereichs oder Geschäftsfelds (»Die vom Vertrieb!«) – immer wird die Frage der Kultur zu einem Gradmesser für das Ausmaß der blinden Flecke, die von einem betriebswirtschaftlich verklärten Auge außer Acht gelassen werden (müssen), damit der Glaube an Steuerbarkeit der Verhältnisse vor einem desillusionierenden Dämpfer bewahrt wird. Gleichzeitig wird in einer der eigenen Logik angemessenen Form die Domestizierung dieser blinden Flecke gefordert, die mithilfe umfangreicher Kulturentwicklungsprogramme dem Eigensinn der Verhältnisse entzogen und der Steuerbarkeit eines ingenieursmäßig eleganten Vorgehens überantwortet werden. Die Diskussion über unterschiedliche Auffassungen von Kultur entzündet sich gern an der Frage, ob ein Unternehmen eine Kultur *hat* oder eine Kultur *ist*. *Hat* es eine, dann liegt der Gedanke verhältnismäßig nah, sie auch managen zu können. *Ist* es eine, dann fällt dieser Gedanke schon schwerer bzw. ist nur durch konsequente Trivialisierung von Unternehmen aufrechtzuerhalten.

Wir schlagen an dieser Stelle vor, Kultur als das Ergebnis unterschiedlichster Muster und Routinen zu verstehen, die sich in das Gedächtnis einer Organisation eingegraben und mit der Zeit einen Bodensatz an Selbstverständlichkeiten erzeugt haben, bei denen vergessen wurde, dass es sich um nach wie vor durch Entscheidung herbeigeführte und daher wieder änderbare »ways of doing things« (Problemlösungsmuster) handelt. Da die Funktion solcher »Selbstverständlichkeiten« gerade in der Entlastung von mehr oder weniger kontingenten Entscheidungszusammenhängen liegt, ist der manageriale Eingriff in diesen Dunstkreis kaum hinterfragbarer Entscheidungsprämissen kontraproduktiv: Als ob ein Merger nicht schon genug Selbstverständlichkeiten in Frage stellte, wird durch das Aufsetzen von Programmen etwa zur kulturellen Integration weiteres Öl ins Feuer gegossen. Anstatt dann gemeinsam über die drängenden Fragen von Struktur und Strategie nachzudenken, öffnet man mit solchen Programmen Tür und Tor, um über die Unterschiede von Hamburgern und Pommes frites als Ausdruck der typischen Kulturunterschiede zu philosophieren. Funktional ist dies nur dort, wo aus welchen guten Gründen auch immer den vitalen Fragen nach Verantwortlichkeiten, Einfluss, Stellenbesetzungen oder der Entlohnungspolitik ausgewichen werden muss.

Sinnvoller erscheint uns in dieser Dimension die »kleine Lösung«, die sich auf die Schaffung kommunikativer Gelegenheiten konzentriert und etwa regelmäßige Review-Meetings auch mit dem Topmanagement durchführt, bei denen neben den operativen Business-Themen auch Fragen zur Prozesssteuerung des Merger und Reflexionen seiner aktuellen Auswirkungen auf der Tagesordnung stehen.

Die Frage nach einem gemeinsamen Führungsverständnis ist ebenfalls ein sinnvoller Zugang zu der kulturellen Dimension. Wie wollen wir führen? Welche minimalen Spielregeln für Verhalten benötigen wir? Wo benötigen wir Spielräume, um uns als Führungskräfte entwickeln zu können? All diese Fragen – je konkreter und weniger überhöht durch großartige Führungsleitbilder und Leadership Principles – schaffen Anlässe für eine gemeinsam geführte Auseinandersetzung hinsichtlich bestehender Unterschiede, die – wenn sie denn gelingt – weniger mit Behauptung als mit Neugier zu tun hat. Eine regelmäßige Beobachtung und Reflexion dieser Prozesse hilft, die Fallgruben einer Fremd- und dann Selbstentwertung zu erkennen und durch entsprechendes Feedback zu umschiffen. All dies immer im Zeichen gravierender Dilemmata, die allein schon aus der Widersprüchlichkeit komplexer Organisationen entstehen. Ein entsprechendes »Dilemma-Management« hilft, die Unauflösbarkeit strukturell angelegter Konflikte besser zu verstehen und zumindest die Rückbindung an persönliche Stärken oder Schwächen zu verhindern.

Wie man gleichzeitig Personal abbaut, Kosten reduziert und ein beeindruckendes Umsatzwachstum durch neue Produkte und Services erzielen will, ist auf der Ebene des Einzelnen nicht zu lösen. Und wie globale Prozesse der Standardisierung übereingebracht werden können mit der Notwendigkeit lokaler Flexibilität, wird nicht ein für alle Mal gelöst werden können – hier gilt das permanente Abwägen, die Balance zwischen sich widersprechenden Zielen, der gelassene und nichtsdestoweniger ernsthafte Versuch, nach bestem Wissen und Gewissen das Unmögliche zu probieren und das absehbare Scheitern nicht der Inkompetenz der eigenen Person zuzuschreiben.

Sämtliche Themen der Prozesssteuerung und der kontinuierlichen Reflexion des Geschehens deuten auf weitere Vorgehensweisen hin, die im Rahmen von Interventionen auf kultureller, besser: kommunikativer Ebene mit dem Ziel eingesetzt werden können, die Wucht einer Schismogenesedynamik zu unterlaufen. So lassen sich über regelmäßige Feedbackschleifen (siehe die »Pulse Checks« bei Alcatel-Lucent) gezielt Lernmöglichkeiten schaffen, aus denen Hinweise und Ideen zur laufenden Anpassung der einzelnen Maßnahmen entstehen. In »Action Learning Groups« (in spezifischen Projektteams) und über entsprechende Newsletter, aber auch in dialogisch angelegten Prozessen werden einzelne Ereignisse der Post-Merger-Phase kommuniziert und kommentiert – und sind so immer wieder Anlass für die Überprüfung sowohl des laufenden Kurses als auch der Wirksamkeit geplanter Interventionen.

Ein gekonntes *story telling* verknüpft gelungene Projekte und spezifische Verhaltensweisen und sorgt durch die Bündelung von Aufmerksamkeit für die öffentliche Anerkennung wünschenswerter Handlungsmuster. Entsprechende (symbolische) Hervorhebung dieser Beispiele durch institutionalisierte Gesten (Best Practice Award, Leadership/Team Award etc.) sind ein probates Mittel dafür, diesen Effekt weiter zu verstärken. Wir hatten bereits erwähnt, dass solche

Interventionen stets auf die Dimension einer Sinngebung abzielen müssen, d. h. durch nachvollziehbare Geschichten Führungskräfte in die Lage versetzen, Sinn zu stiften, wo vorher nur Fragezeichen waren. Dies ist durch keine Preisverleihung oder andere Einzelevents zu ersetzen.

Insgesamt wird man in der unmittelbaren Zeit nach dem Day One darauf schauen, nicht zu viele Prozesse, Systeme oder Tools parallel in Angriff zu nehmen oder zu nutzen. Statt sich in einen »Mehrfrontenkrieg« zu verstricken, gilt es vor allem im ersten Jahr, sich auf diejenigen Projekte zu konzentrieren, die für die Generierung von Umsatz, die Entwicklung von neuen Dienstleistungen und Produkten bzw. für die reibungsfreie Umsetzung der neu aufgesetzten Strukturen (Stichwort: operative Exzellenz) essenziell sind.

Auch im Fall des Merger von Alcatel und Lucent wurden vonseiten der verantwortlichen Change-Experten die entsprechenden Landkarten zur Verfügung gestellt, mit denen Führungskräfte aller Ebenen in die Lage versetzt werden sollten, sich mit den kulturellen Aspekten des Merger auseinanderzusetzen. Daneben wurden unter der Rubrik »Kultur« insbesondere vom HR-Bereich weitere Maßnahmen konzipiert und umgesetzt:

- Anleitungen und Checklisten zu »Team Start-up/Kick-off Sessions«
- umfassende Trainingsangebote durch die ALU University (= Erstbegegnungen der neu zusammengestellten Teams), zunächst primär Product und Sales Trainings (damit man zukünftig dieselbe Sprache spricht), später auch Leadership Trainings etc.
- Organigramme mit Jobbeschreibungen aufgrund der laufenden Restrukturierung und des Personalabbaus
- intranetbasiertes Angebot eines »Culture Wizard« (eines Kulturleitfadens), der auf die bestehenden kulturellen Unterschiede aufmerksam machte und die Führungskräfte und Mitarbeiter bezüglich eines angemessen Umgangs mit diesen Unterschieden sensibilisierte (z. B.: Wie bereite ich mich als Amerikaner auf ein Meeting in einem interkulturell gemischten Team in Paris vor?).

Auf lokaler Länderebene wurden darüber hinaus sukzessive durch die lokalen Leadership Teams gesteuerte Integrations- oder Transformationsprozesse gestartet.

Ein Teil dieser Maßnahmen diente explizit dem Zweck, die kulturelle Dimension des Merger zu thematisieren und damit besprechbar zu machen. Folgt man den weiter oben skizzierten Anmerkungen zur Frage der Kultur, so ist dies ein durchaus ambivalentes Unterfangen. Einerseits wurde damit das Thema »Kultur« tatsächlich als gemeinsam adressierbarer Verschiebebahnhof für eine Vielzahl von schwer fassbaren bzw. tabuisierten Konfliktfeldern funktionalisiert, andererseits bot die im Rahmen dieser Gelegenheit geschaffene Möglichkeit, über diese Dinge sprechen zu können, auch ein willkommenes Ventil für die sich aufstauenden Vorurteile bezüglich der tatsächlich vorhandenen Unterschiede. Die eigentliche Funktion von Kultur, nämlich durch ihren unhinterfragbaren Status quo für Sicherheit und Orientierung zu sorgen und die mitlaufende Anstrengung des Prozessierens von prinzipiell kontingenten Entscheidungen auf ein handhabbares Maß einzudämmen, wird freilich durch solche Zugänge ad absurdum geführt. Ob dies in der laufenden Erschütterung der Identität der in solche Fusionsprozesse involvierten Unternehmen allerdings überhaupt einen Unterschied macht, sei zunächst einmal dahingestellt: Die Wahrscheinlichkeit ist groß, dass die Funktion der kulturellen Aspekte in diesen Situationen bereits hoffnungslos überfordert und damit ohnehin obsolet geworden ist.

5. Licht am Ende des Tunnels?

Von der Selbstbeobachtung zur Lernfähigkeit

Der bereits zu Beginn unserer Ausführungen skizzierte Verdrängungswettbewerb im Ausrüstermarkt der Telekommunikationsbranche führt seit Jahren zu Fusionen – neben Alcatel und Lucent gehören Sony & Ericsson sowie Nokia & Siemens zu den größten Firmenzusammenschlüssen der letzten Jahre. Zu den Unternehmen, die durch das Streben nach »Größe« (zugekaufte Umsatz- bzw. Marktanteile) den Markt zu erobern versuchen, zählen Anbieter wie HUAWEI, die durch ihre Niedrigpreispolitik zur Wettbewerbs- und damit Marktdynamik beitragen. Eine weitere dynamisierende Determinante bilden die laufenden technologischen Innovationen der IT-Branche, die sich in erster Linie um die Möglichkeiten ranken, die das Internet als Treiber und Markt zugleich bietet (Stichwort »Web 2.0«).

Die strategischen Implikationen, die damit für Unternehmen wie Alcatel-Lucent in den Mittelpunkt der Aufmerksamkeit rücken, sind noch weitgehend unbekannt. Erste Stichworte dazu fokussieren auf die Konvergenz der bestehenden technischen Möglichkeiten. Auf der Basis garantierter Sicherheit, Qualität, Vertraulichkeit und Abrechnungsgenauigkeit sollen etwa Millionen von Websites mit einer Vielzahl unterschiedlicher Endgeräte genutzt werden können. Voraussetzung dafür ist eine heute noch nicht vorhandene offene Technikplattform, die eine nahtlose Interaktion zwischen Kommunikationsnetzen und den auf ihnen laufenden Web-2.0-Anwendungen ermöglicht. Geschwindigkeit und hocheffiziente Qualitätsprozesse in den Ausrüsterunternehmen und eine noch engere Verzahnung mit den Betreiberunternehmen sind die entscheidenden Stellgrößen für einen erfolgreichen technologischen Wandel.

In der weiteren Ausrichtung und Entwicklung von Alcatel-Lucent spielt die programmatische Idee des »Web 2.0« daher eine zentrale Rolle und wird damit zu einem Ausgangspunkt, an dem sich gemeinsames Denken und Handeln des Gesamtunternehmens in Zukunft orientieren soll. Ist das *die* Chance für Alcatel-Lucent, als »One Company« zusammenzuwachsen und dabei den notwendigen Raum für den Leistungstreiber »Differenzierung« zu belassen? Blickt man auf den Zeitraum vom vierten Quartal 2008 bis zum Ende des dritten Quartals 2009, d. h. die ersten sechs Monate unter der Führung des neuen CEOs Ben Verwaayen, verdichtet sich dieser Eindruck zur vorläufigen Gewissheit. Am 12. Dezember 2008 gibt Alcatel-Lucent seine strategische Neuausrichtung bekannt. Das Unternehmen will sich zukünftig darauf konzentrieren, Netzbetreibern, Firmen und Endkunden eine effizientere Nutzung des heutigen und künftigen Internets zu ermöglichen. Das neue Geschäftsmodell stellt mehr denn je den Kunden in den Mittelpunkt. Die Herausforderung ist entsprechend groß: Ein bislang fast ausschließlich F&E-getriebenes Unternehmen soll sich stärker an den zu antizipierenden Erwartungen der Kunden ausrichten. An die strukturellen Voraussetzungen hierfür hat man bereits gedacht. Die Organisationen vor Ort (in den Ländern) sollen weitgehende Profitverantwortung bekommen und werden zukünftig an ihrem spezifischen Beitrag zur Profitabilität gemessen.

Auch die Person des neuen CEO gibt Anlass für eine neue Fokussierung der Belegschaft. »Neue Besen kehren gut« – mit diesem (deutschen) Sprichwort, das immer wieder im Zusammenhang mit Wechsel in Führungspositionen gebraucht wird, richten sich die Hoffnungen der Mitarbeiter und Mitarbeiterinnen auf Ben Verwaayen und sein neues Management Commitee, bestehend aus Talenten von außerhalb des Unternehmens und aus den eigenen Reihen. Entscheidende Topfunktionen wurden mit neuen Managern besetzt, die man außerhalb des eigenen Unternehmens rekrutiert hat. Auf den Gängen des Konzerns machen sich wieder Gerüchte breit, diesmal allerdings mit deutlich optimistischem Unterton:

»Er hat das Unternehmen eines unserer großen Kunden zum Erfolg geführt, warum nicht auch uns? ... Einem Neuen fällt es leichter, alte Zöpfe abzuschneiden ... Er weiß, dass man als direktes Gegenüber des Kunden auch Spielräume für verantwortliches Handeln benötigt ... Endlich ist die Verantwortung für ›Profit & Loss‹ wieder in den Ländern, denn von hier aus betreuen wir die Kunden ... Ein weltweites Marketing wird uns helfen, den Vertrieblern den Rücken frei zu halten ... Auch die Prozesse in den Unterstützungsfunktionen müssen vereinfacht werden ...« Etc.

Die neue Organisation – Kunde, Kunde, Kunde!

Bereits am 13. November 2008 wird die dazu passende neue Organisation in ihren Grundzügen kommuniziert. Auch wenn damit wieder ein Abbau von Personal einhergeht (rund 1000 leitende Angestellte und rund 5000 externe »Subcontractors« sind die Zielvorgabe des »headcounts« – der Personalstärke): Im Kern geht es um die Verschlankung der vertikalen Strukturen, festgemacht an einer ins Auge gefassten Führungsspanne von 1:8 (d. h. eine Führungskraft auf acht Mitarbeiter). Intendiert ist die Beschleunigung der bestehenden Kommunikations- und Entscheidungsprozesse – an entscheidenden Positionen sitzen nicht mehr nur Manager mit historischen Wurzeln von Alcatel oder Lucent, sondern von außerhalb des Konzerns zugekaufte Leistungsträger. »Schlüsselpersonen auf Schlüsselpositionen, besetzt mit den Kulturhelden von morgen« – so lautet die Devise für die Neubesetzungen auf allen Führungsebenen.

Auch die aus den Management-Teams der Lokaleinheiten geforderte Profitverantwortung soll dorthin delegiert werden, wo sie die »Landesfürsten« schon am Day One gerne gesehen hätten. Einheitliche Prozesse, sogenannte Corporate Processes, gibt es auch in dieser Neuorganisation, denn man muss das Rad nicht mehrfach neu erfinden. Der entscheidende Unterschied ist jedoch, dass die Verantwortung von Land zu Land unterschiedlich gelebt werden darf und muss. Integration durch Differenzierung wird so zum neuen Leitmotiv für den wieder einsetzenden Veränderungsprozess. Mit den ersten symbolischen Schritten in die richtige Richtung werden Beispiele gesetzt, an denen sich andere orientieren können. Staffing, Headcount Mapping – d. h. all die Fragen und Vorgehensweisen im Zusammenhang mit Personalbesetzungen – und entsprechende Leadership Team Meetings folgten, immer ausgerichtet an neuen Leadership-Verhaltensweisen, durch die der Transformationsprozess nachhaltig unterstützt werden soll.

Die meisten Reaktionen auf die Neuorganisation sind vielversprechend. Das Unternehmen wirkt jedoch auf viele Führungskräfte und Mitarbeiter noch immer zu komplex – was allerdings nicht verwunderlich ist. Sind doch IT-Produkte, -technologien und -netze ihrerseits komplexe Phänomene, von Heerscharen unterschiedlichster IT-Spezialisten entwickelt. Das Management von Komplexität und die Führung von und in globalen Netzwerken bzw. Teams ist hier wohl die eigentliche Herausforderung – nicht alle Führungskräfte des Unternehmens sind hierauf gut genug vorbereitet; eine Erfahrung allerdings, die Alcatel-Lucent mit so manchem internationalen Konzern teilt, der sich aus seinen nationalen Fesseln befreit hat und nun händeringend nach angemessenen Steuerungsformen sucht, um der entfesselten Komplexität wieder Herr zu werden.

Die Stoßrichtung des Topmanagements ist jedoch klar: Vereinfachte Strukturen und eine klare Fokussierung auf das Wesentliche gehen einher mit der Verschlankung sämtlicher Unterstützungsprozesse (Finanz-, interne IT, Supply Chain und eben auch HR).

Die neue Corporate-HR-Organisation

Auch der HR-Bereich – Fokus unseres Fallbeispiels – erhält durch die strategische Neuausrichtung und die damit einhergehende Umstrukturierung stärkeren Rückenwind. Das Thema »Transformation« rückt im Aufgabenportfolio des Bereichs an die oberste Stelle, mit entsprechenden Konsequenzen für die regionalen HR-Einheiten. Die wesentlichen Impulse zur Veränderung des Gesamtunternehmens durch einen spezifischen Beitrag von HR wie folgt zusammengefasst.

The Human Resources organization for Alcatel-Lucent provides expertise and leadership support in all functional areas of human resources. HR is responsible for defining and deploying human capital strategies that support and align with business initiatives at corporate, organizational and local levels. **Working in partnership with our leaders, HR supports the development and enhancement of individual and organizational capabilities to achieve performance excellence for Alcatel-Lucent.**

HR will play a key role in supporting the transformation of Alcatel-Lucent. Related change initiatives will include a strong emphasis on people and organizational aspects with specific attention to ensuring the right behaviors and mindsets of customer care, speed, accountability, innovation, trust and empowerment are present in our day-to-day business activities. Change leadership and its articulation with the current transformation office will be detailed in a separate note.

The Human Resource organization is structured in line with the new Alcatel-Lucent organization model to be implemented January 1, 2009.

HR-Business-Partners (HRBP) will provide HR support to organization leaders with a specific focus on executive support, and talent development at all levels. In addition to these responsibilities, HRBPs supporting Regions will also provide end-to-end HR services to all employees residing within their respective region.

Centers of Expertise are responsible for global policy and program development to support corporate direction. These are deployed in partnership with Regions, Groups, Central and Corporate Functions.

Centers of Expertise include:

- **Compensation, Benefits and Mobility** – responsible for global compensation and benefits strategy and programs as well as compensation support for international assignments.
- **Talent Management & Organization Development** – responsible for global programs associated with: performance management, competency & career path development, talent management including high potential identification, development and succession planning, organization development and executive staffing.
- **Human Resources Information Systems (HRIS)** – responsible for defining the global HRIS strategy, supporting the deployment of best-in-class HR systems and processes (user-friendly, cost-effective and well-integrated with other business applications), and providing global HR data reports and business intelligence.
- **Alcatel-Lucent University** – is the company's premiere organization for continuous learning and professional development, presenting world-class learning opportunities in the areas of product, technical, functional and leadership development. Alcatel-Lucent University designs, manages, develops, and delivers learning and qualification solutions globally that enable customers, partners, and employees to achieve their strategic business objectives.
- **Industrial Relations** – Responsible for defining and coordinating relations with European unions and employee representatives at the corporate level, managing meetings of Group Committees and ensuring that implementation of social policies comply with the Group Policy and the local national regulations. This function also ensures overall consistency on these matters throughout the company.
- **HR Corporate Social Responsibility (CSR)** – responsible for the human side of our CSR program. This function will ensure that diversity, equal opportunity, mobility, development and training of our people as well as social innovation are developed across the company.

HR als Business-Partner

Die direkte Beauftragung von Corporate HR durch neuen CEO Ben Verwaayen, für die professionelle Begleitung des ALU-Transformationsprozesses zu sorgen, führt zu einer Reihe von Vorbereitungsworkshops in der HR-Community im vierten Quartal 2009, die auf diese Rolle vorbereiten sollen. Die Ergebnisse dieser Treffen finden unmittelbaren Niederschlag in konkreten Aktionsplänen. So wird das Change Management Network reaktiviert und auf eine nachhaltigere Basis gestellt. Die bereits in der Pre-Merger-Phase geforderte partnerschaftliche Zusammenarbeit mit den Geschäftsbereichen wird diesmal deutlich konsequenter umgesetzt: Die Verantwortlichen der Bereiche »Strategy & Corporate Development«, »Quality Assurance & Customer Care«, »Operations« und »Communications« sind Mitglieder des Transformation bzw. Change Network. Damit sind die HR-Business-Partner erstmals nicht mehr unter sich allein, sondern erfahren die notwendige Anbindung an den laufenden Transformationsprozess im Topmanagement.

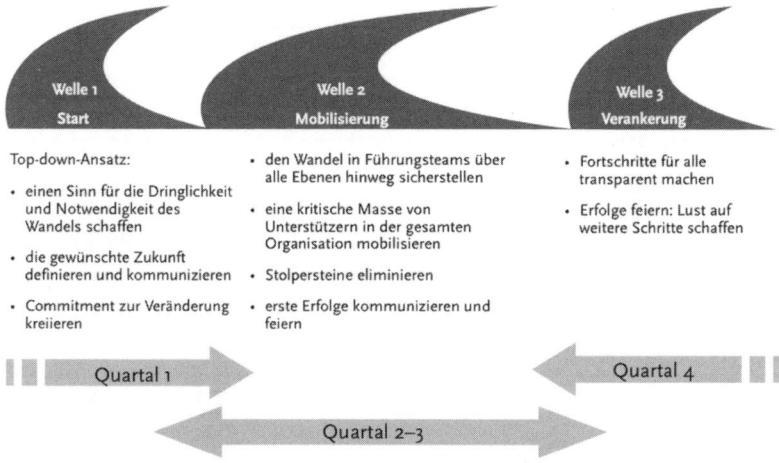

Abb. 9: Transformation in drei Wellen ...

Die besondere Rolle der Führung im Transformationsprozess wird in sämtliche Leadership Profiles aufgenommen. Im Zielvereinbarungssystem werden vier verhaltensrelevante KPIs zur Rolle der einzelnen Führungskraft im Veränderungsprozess aufgenommen, die damit bonusrelevant werden. Nicht zuletzt mithilfe dieser strukturellen Verankerung gelingt es HR zunehmend stärker, die Rolle des professionellen Change-Begleiters mit Leben zu füllen. Die lang gehegte Saat eines professionell agierenden Business-Partners für das Management geht langsam, aber sicher auf und sorgt für ein neues Selbstbewusstsein bei HR.

Die Kernaussagen und Leitfragen für den Transformationsprozess (s. Tab. 2) geben einen Eindruck von der Arbeit der HR-Experten im Zusammenspiel mit ihren jeweiligen Business-Partnern:

	Kernaussagen/Leitfragen
Welches ist der Anlass für unseren Change-Prozess? Case for Action? Sense of Urgency?	• Wir benötigen zusätzliche Kunden. • Profitable Growth. • Synergieeffekte (weniger Personal). • Wir müssen billiger werden. • Wir müssen Vertrauen aufbauen.
Change Roadmap (Content & Masterplan)	• Was soll konkret anders gemacht werden? • Was bedeutet das für den einzelnen Mitarbeiter? • Wie sieht unser Transformationsfahrplan aus? Wann passiert was?
Kommunikationskonzept	• Wie kommunizieren wir über unseren Change-Prozess? • Wie binden wir die Mitarbeiter angemessen ein?
Vision	• Wo wollen wir in 3, 5, 10 Jahren stehen? • Wofür soll es sich lohnen, sich zu engagieren?
Mission	• Wofür stehen wir?
Strategie	• Wie erreichen wir unsere Vision?
Unternehmensprojekte	• Welche Konzernprojekte planen wir in den ersten 100 Tagen, in einem halben Jahr und bis zum Jahresende?
Ziele (Kennzahlen)	• Welche Ziele müssen wir auf der strategischen Wegstrecke erreichen?
KPIs (Cockpit)	• Woran messen wir unseren Erfolg? Kundenzufriedenheit, New Business, Finanzkennzahlen, Personalplan, Mitarbeiterzufriedenheit, Talente etc.
GPM (Zielabstimmungs- und Vereinbarungsprozess)	• Wie stimmen wir unsere Ziele/Projekte ab?
Kernprozesse (Business)	• Welches sind unsere zukünftigen Business-Kernprozesse? (Damit verdienen wir unser Geld.) • Welches sind unsere Unterstützungsprozesse? (Die unsere Business-Ziele unterstützen.)
Struktur/Organigramm	• Wie organisieren wir unsere Arbeit entlang den Wertschöpfungs-/Prozessketten • Wie organisieren wir »ständiges Lernen«? • Wie entwickeln wir uns zu ONE Company?

Rollen und Verantwortlichkeiten	• Wer hat welche Rolle? • Wer ist wofür verantwortlich? • Sind Verantwortlichkeiten an den Schnittstellen geklärt?
Regelkommunikation	• Welche Kommunikationskreise benötigen wir, damit Informationen schnell fließen und Dialoge stattfinden können?
Führungsverständnis (Rolle, Stil, Verhalten)	• Wie werden Entscheidungen getroffen? • Wie wird Commitment sichergestellt? • Wie führen wir unsere Mitarbeiter?
Mitarbeiterentwicklung (MEG, GPM)	• Wie entwickeln wir unsere Mitarbeiter weiter? • Welches sind unsere erfolgskritischen Schlüsselfunktionen? • Wo müssen wir die Qualifikation verbessern?
Mitarbeiterförderung (OPR)	• Wie halten wir unsere Talente?
Mitarbeitermotivation (Compensation & Benefits)	• Welche Anreize schaffen wir für unsere Mitarbeiter?
Systems & Tools	• Welche unternehmensweiten Systeme und Tools zur Verbesserung der Arbeitsabläufe benötigen wir?
Kultur	• Wie gehen wir miteinander um? • An welchen Spielregeln orientieren wir uns? • Wie entwickeln wir eine gemeinsame Kooperationskultur?

Tab. 2: Leitfragen des Transformationsprozesses

Eine neue Kultur – »Veränderung ist nichts Abstraktes«

Im Vergleich zur Post-Merger-Phase unter Pat Russo und ihrem Management Committee (das ausschließlich aus Ex-Alcatel und Ex-Lucent Managern bestand) wird deutlich, dass der neue CEO Ben Verwaayen eine Management-Mannschaft um sich geschart hat, deren Kommunikation und Führungshandeln deutlich konsistenter sind. Die Inhalte und Struktur der Initial Meetings in den abermals neu formierten Senior Leadership Teams sowie die *top down* kaskadierten Organisationsstrukturen sind gut aufeinander abgestimmt und führen zu verbindlichen Vereinbarungen. Die einzelnen Landesgesellschaften kommen deutlich schneller ins Handeln, da sie aus den bisherigen Erfahrungen der Phasenverschiebungen bei der Integration unterschiedliche formale Einheiten gelernt haben. Bereits nach wenigen Wochen werden die ersten Quick Wins bei der Umsetzung der neuen Strategie und Struktur veröffentlicht. Und immer wieder wird auf allen Führungsebenen an die gemeinsame Einstellung, das neue Mindset appelliert:»Ändern, vereinfachen, schneller und besser machen!«

In diesem Zusammenhang wird auch offensichtlich, wie wichtig die Weiterentwicklung der bestehenden KPIs (Steuerkennzahlen) des Unternehmens ist. Parallel zum Rollout der neuen Strategie und neuen Strukturen wird ein Feedbacksystem aufgebaut, das neben den finanziellen Business-Kennzahlen auch Verhaltens-KPIs beinhaltet. Diese werden regelmäßig in den bestehenden Regelkommunikationskreisen (Management Team Meetings u. a.) abgefragt. Neben einem KPI für Kundenzufriedenheit gehört auch ein konkreter Verhaltens-KPI zu den Standardvorgaben im Global Performance Management System – der laufende Transformationsprozess wird durch diese Messgrößen deutlich verbindlicher.

Durch ein regelmäßiges Direkt-Coaching (Ben Verwaayen mit den ihm direkt unterstellten Führungskräften, diese dann *top down* mit ihren Führungskräften), welches die geforderten Verhaltensweisen und Erwartungen zum Thema macht, werden weitere Nachhaltigkeit und Konsequenz im Handeln auf oberster Management-Ebene verankert. Darüber hinaus kommuniziert der CEO mit allen Mitarbeitern und Mitarbeiterinnen in kurzen Zyklen via Intranet. Kernbotschaften betreffen – neben den Kunden – die Einstellung und Veränderungsenergie in der gesamten Belegschaft. Eine Plattform wird eingerichtet (»Ask Ben«), auf der sich jeder Mitarbeiter des Unternehmens mit Verbesserungsvorschlägen zum laufenden Veränderungsprozess direkt an den CEO wenden kann.

Mit neuem Selbstbewusstsein kommunizieren die Verantwortlichen der Länderorganisationen ihre Beiträge zur Umsetzung der neuen Strategie und Struktur im Intranet. Der gemeinsame Freund (die bestehenden und potenziellen Kunden) und der gemeinsame Feind (der Wettbewerb) werden in der intensiver geführten Unternehmenskommunikation immer wieder klar adressiert und bilden damit die Basis für die Verankerung eines konzernweiten Wir-Gefühls. Die Dynamik der Schismogenese flacht in dem Maß ab, in dem die

Verantwortung in den Landesregionen und den Teams vor Ort wieder gestärkt wird. Die frei werdende Energie fließt unmittelbar in die Stärkung der Innovationskraft des Konzerns, der sich in den kommenden Jahren auf seine führende Rolle in einem von Hyperwettbewerb und Marktbereinigung geprägten Klima vorzubereiten hat.

6. Lessons Learned

Fasst man die wesentlichen Lernerfahrungen aus dem Merger der beiden Unternehmen Alcatel und Lucent zusammen, ergeben sich daraus eine Handvoll kritischer Hinweise, deren konsequenter Einbezug nicht nur im Verlauf der Fusion der beiden Unternehmen, sondern auch in generalisierter Form bei Unternehmenszusammenschlüssen allgemein für hilfreiche Orientierung sorgen kann. Die folgende Zusammenstellung erleichtert den Zugang zu diesen Hinweisen, indem sie die im Text verteilten Einsichten und Beobachtungen in komprimierter Form verfügbar macht. Die einzelnen Punkte wurden jeweils in Zusammenarbeit mit den für den Transformationsprozess verantwortlichen internen Ressourcen aus HR ausgewertet und abgestimmt.

- *Projektteam Integration (intern »Integration Programme Office« genannt):*
  Im ALU Integration Programme Office fällt auf, dass kein Experte für Themen des Veränderungsmanagements mit an Bord war. Als Konsequenz daraus wurden speziell Fragen zu der Sozialdimension des Merger relativ spät ins Auge gefasst, eine Reflexion des laufenden Prozesses blieb über weite Strecken wenig ausgeprägt und rückte nur dann in den Vordergrund, wenn besonders kritische Anmerkungen aus der internen wie externen Öffentlichkeit überhandnahmen. Viele der aus OE-Sicht relevanten Themen wurden so in der Pre- und frühen Post-Merger-Phase nicht oder kaum bearbeitet:
  - Driving Organizational Change
    (Veränderungen aktiv vorantreiben)
  - Leading Teams Through Change and Transition
    (Teams durch Veränderungen führen)
  - Coping with Change and Uncertainty
    (Unterstützung beim Umgang mit Unsicherheit)
  - Integrating through Differenciation in a Post-Merger Environment
    (Integration durch Differenzierung im Post-Merger-Kontext)

- Working in Virtual/Matrixed Teams and Organizations (Arbeiten in virtuellen Zusammenhängen/Matrixstrukturen)
- Dealing/Coping with Complexity (Umgang mit Komplexität)
- Interacting Cross-Culturally (Grenzüberschreitende Kooperationen).

• *Kommunikation:*
- Primär wurde die gesamte Kommunikation zum laufenden Geschehen über das Intranet abgewickelt, d. h., es erfolgte keine direkte Kommunikation (im Sinne einer Auseinandersetzung mit den Betroffenen), sondern lediglich die Versorgung mit Informationen. Diese Art von »Leadership by PowerPoint« funktioniert bereits im normalen Unternehmensalltag nur unzureichend, in kritischen Situationen gar nicht.
- Es gab kaum Nachfragen, inwieweit die formulierten Botschaften verstanden und akzeptiert wurden. D. h., insgesamt gab es wenig Dialog und Interaktion, vorherrschend war eine top down orientierte »Announcement-Kultur«.
- Ein unzureichender Umgang mit den gegebenen Sprachbarrieren bescherte den Beteiligten weitere Hindernisse; durch die weitgehend konsequente Verwendung von Englisch als Konzernsprache waren Nichtmuttersprachige oft im Nachteil.

• *Staffing-Prozess:*
- Entstehung einer Kompromissorganisation durch »menschliche« Auslegung der »Best of Both«-Maxime, die häufig nicht nach strengen Kompetenzkriterien eingehalten wurde und meist nur für die oberen Management-Ebenen galt.
- Vielfach wurden diejenigen Führungskräfte in Toppositionen gebracht, die bereits in den Ex-Unternehmen solche Positionen innehatten. Dadurch entstand eine äußerst komplexe Struktur bereits auf höchster Management-Ebene, die sich verständlicherweise auch im mittleren und unteren Management entsprechend fortsetzte.
- Der insgesamt hohe Zeitdruck führte dazu, dass bei der Gestaltung der Organisationsebenen unterhalb des Topmanagements die Qualität des Besetzungsprozesses deutlich nachließ.

- Wenig »nationale« Durchmischung bei der Besetzung der zu Verfügung stehenden Stellen: In Geschäftsbereichen, in denen der Ex-Alcatel-HR-Bereich die Führung innehatte, wurden Stellen tendenziell eher mit Ex-Alcatel-Personal besetzt, entsprechend bei Ex-Lucent. Damit entstand bereits in der Frühphase des Merger der Eindruck von »Political Powerplay«.

- *Unterschiedliche Geschwindigkeiten hinsichtlich der »Legal Merger«* in den unterschiedlichen Ländern.

  - Nachdem das Closing/der Day One auf Konzernebene Ende November 2006 stattgefunden hatte, wurde der Merger der Alcatel-Lucent Deutschland AG im Juni 2007 vollzogen. Formal konnten erst danach der Personalabbau (zahlenmäßig) angekündigt und die Verhandlungen mit dem Betriebsrat aufgenommen werden. Diese Zeit führte zu Gerüchten, die nicht zum konstruktiven Fortgang des Merger beitrugen.

- *Komplexität des Business Model* (technologiegetriebene Innovation und Sales/Marketing-Prozesse vom und zum Kunden) und in der Konsequenz der *Organisationsstruktur.*

- *Integration* und das diesbezügliche Change-Management wurden *als Prozess »harter« Veränderungen/Anpassungen verstanden,* z. B. bezogen auf Tools, Prozesse, Systeme. Die »OE-Perspektive« in der Integrationsphase wurde vernachlässigt bzw. fand bis zum Vorliegen der Ergebnisse der zweiten Mitarbeiterbefragung kein Gehör. In diesem Zusammenhang wurde der Kerngedanke einer »Integration durch Differenzierung« mitsamt seinen Konsequenzen nicht zur Kenntnis genommen. Die Schismogenese beider Unternehmen bekam so immer wieder neue Nahrung.

Betrachtet man die grundlegenden Annahmen über das »Wie« einer möglichst optimalen Abwicklung eines Merger, so ist das Fallbeispiel Alcatel-Lucent besonders im Zusammenhang mit den eingangs vorgestellten Theoriekonzepten eine beeindruckende Demonstration der gesamten Bandbreite möglicher Optionen im Zuge eines Zusammenschlusses zweier Unternehmen.

Spannen wir zum Schluss nochmals die Brücke zum Beginn dieses Buchs. Wir hatten dort ausgeführt, dass Alcatel und Lucent für das Management des angestrebten Merger zunächst einen zentral gesteuerten, gut strukturierten und generalstabsmäßig vorbereiteten Ansatz gewählt hatten, der *top down* über die gesamte Organisation ausgerollt wurde und die Integration der einzelnen Einheiten im Sinne einer »strikten Kopplung« eng miteinander verknüpfte. In der Vorbereitung des Merger liefen beide Unternehmen aufgrund dieses Planungsparadigmas in einen Widerspruch, der in der Folge die Integration eher erschwerte denn erleichterte. Die Diskrepanz zwischen der zentral gesteuerten Veränderung und den lokalen Aktivitäten in den unterschiedlichen Ländern und Geschäftsfeldern, die aufgrund unterschiedlicher Rahmenbedingungen (rechtlich, steuerlich, formal) nicht mit den zentralen Vorgaben Schritt halten konnten, nahm durch dieses Vorgehen unausweichlich zu. Das Ergebnis dieser wachsenden Diskrepanz war, dass Absicht und Wirkung auseinanderklafften. Der Merger geriet in die erste Falle einer sich selbst verstärkenden Dynamik: Im klassischen Paradigma einer zentralen Steuerung kann auf Planabweichung nur mit noch mehr zentraler Steuerung reagiert werden, was aber dazu führt, dass die Diskrepanz zwischen Ist und Soll, also Vorgabe und Realisierung, weiter anwächst. Das Ergebnis dieser Dynamik schlug sich in einer zunehmenden Distanz zunächst der Betroffenen, später auch der Beteiligten zum propagierten Ziel einer reibungslosen Integration beider Unternehmen nieder.

Parallel zu dieser Dynamik wurde durch die konsequenten Integrationsbemühungen das Immunsystem der beiden Unternehmen aktiviert: Je stärker auf ein gemeinsames Ganzes gedrängt wurde, desto nachhaltiger wurde das Eigene gegen das Ganze in Stellung gebracht. Anhand des Begriffs der Schismogenese haben wir diese Dynamik konzeptionell durchleuchtet und ihre inhärente Logik aufgezeigt. Da jeder Unternehmenszusammenschluss mit dem Phänomen der Schismogenese zu kämpfen hat, d. h. der Paradoxie, dass mit dem Druck in Richtung mehr Integration die Immunreaktion der beteiligten Systeme aktiviert wird, ist die Berücksichtigung dieses sozialen Mechanismus ein nicht unwichtiges Kriterium für eine erfolgreiche Fusion. Wir haben gesehen, wie auch im Fall von Alcatel-Lucent die Autonomiebestrebungen der betroffenen Einheiten zunahmen, je stärker seitens der zentralen Steuerung auf Integration gedrängt wurde. Der Merger geriet so in eine zweite Falle: die der Paradoxie der Integration.

Unglücklicherweise verstärken sich nicht nur im Fall von Alcatel-Lucent beide daraus entstehenden Dynamiken. Das Paradigma einer zentralen Steuerung verstärkt die Schismogenese zwischen den einzelnen Einheiten eines Systems. Zusätzlich zur Diskrepanz von zentralen Vorgaben und lokaler Umsetzungsgeschwindigkeit wächst also die Tendenz zur Ab-Grenzung zwischen allen Beteiligten – die für die Hebung von Synergiepotenzialen notwendige Verständigung über bestehende Ressourcen und Prozessabläufe weicht einem defensiven Beharren auf den jeweils bestehenden (eigenen!) Problemlösungen und Positionen.

In der Selbstbeobachtung des Konzerns mehrte sich mit der Zeit zum Glück die Einsicht, dass der eingeschlagene Weg einer strikten Kopplung/zentralen Steuerung neben einer Menge Vorteile bezüglich der Steuerbarkeit und Kontrollnotwendigkeit durchaus auch kontraproduktive Wirkung hat. Wann und wie immer auch die Entscheidung fiel, den eingeschlagenen Kurs zu ändern: Unter dem Strich verdichtete sich die Erkenntnis, dass den lokalen Geschäftseinheiten wieder mehr Freiraum zuzugestehen sei. Mit zunehmender unternehmerischer Eigenverantwortung wurde so lokale Differenzierung möglich und notwendig, welche wiederum die jedem Merger inhärente Tendenz zur Schismogenese beruhigte. Der Fusionsprozess gewann so eine neue Perspektive, die sich unter anderem im Wechsel der verantwortlichen Top-Manager niederschlug. Mit einem neuen CEO konnten die aus dem bis dahin eingeschlagenen Kurs *lessons learned* glaubwürdig umgesetzt werden. Durch die vorgenommene Kurskorrektur wurde die Erfolgswahrscheinlichkeit des Merger, zumindest bezogen auf die interne Dynamik, deutlich gesteigert. Und auch wenn die parallel aufziehende globale Wirtschaftskrise den unmittelbaren Niederschlag dieser Neufokussierung nur unzureichend sichtbar werden ließ: Als Ausweis der Lernfähigkeit des gesamten Konzerns spricht diese Kurskorrektur für die Zukunftsfähigkeit des Gesamtunternehmens. Es ist zu vermuten, dass der Konzern mit dem neu eingeschlagenen Kurs sehr gut aufgestellt sein wird, sobald sich die globale Wirtschaftslage wieder zum Positiven wendet und die gesamte Branche eine positive Entwicklung einschlägt.

Aus dieser Perspektive betrachtet, wird der Merger zu einem Lehrstück in Sachen Selbstreflexion und Veränderungsfähigkeit. Besonders beeindruckend ist hierbei, mit welch konsequentem Einsatz das Topmanagement die Selbsterneuerung des Unternehmens in Richtung Zukunftsfähigkeit vorangetrieben hat. Auch wenn solche komplexen Sozialzusammenhänge wie ein global aufgestellter Konzern mit einem immensen Beharrungsvermögen ausgestattet sind: Die Beispiele für die Umsetzung eines veränderten Steuerungsparadigmas und die damit möglich werdende »Integration durch Differenzierung« zeigen, über welches Potenzial an Selbsterneuerungsenergie auch große Unternehmen tatsächlich verfügen. Die Reflexion der durchaus schmerzhaften Erfahrungen einer Schismogenese macht deutlich, wie sich – trotz großer operativer Belastung und der durch die globale Krise ausgelösten Erschütterungen – alle Beteiligten mit neuer Kraft an die Arbeit an einer gemeinsamen Zukunft machen, in der die bestehenden Unterschiede nicht mehr dazu genutzt werden, sich gegenseitig abzugrenzen, sondern ganz gezielt zum Einsatz dafür kommen, sowohl für bestehende als auch neue Kundengruppen optimale Problemlösungen zu entwickeln.

Wenn wir die wesentlichen Erfahrungen aus diesem Lehrstück in wenigen Sätzen zusammenfassen, dann lauten diese wie folgt: Komplexität ist die Lösung, nicht das Problem. Mit der Umstellung von strikter Kopplung auf lose Kopplung und dem Programm einer »Integration durch Differenzierung« werden die Fallstricke einer Fusion intelligent umgangen bzw. die damit verbundenen Herausforderungen so weit bearbeitbar gemacht, dass die angestrebten Synergiepotenziale – das eigentliche Ziel aller Merger-Aktivitäten – in einer gemeinsamen Anstrengung gehoben werden können. Kennzeichen dafür ist der konstruktive Umgang mit Konflikten, der sich aus einer wachsenden Verlässlichkeit in der Kooperation speist, die letztlich in einer neuen, dritten Kultur beider Unternehmen mündet: Die aufmerksame Pflege der eigenen Lernfähigkeit sollte als wesentlicher Beitrag zur Sicherung der eigenen Zukunft verstanden werden. Man darf in jedem Fall gespannt sein, wohin dieser Weg alle Beteiligten führen wird ...

Anhang

Die Geschichte der Firma Alcatel

31. Mai 1898	Der französische Ingenieur Pierre Azaria gründet die *Compagnie Générale d'Electricité* (CGE).
1925	Übernahme der *Compagnie Générale des Câbles de Lyon*.
1928	Gründung der *Alsthom* durch die *Société Alsacienne de Constructions Mécanaiques and Compagnie Française Thomson-Houston*.
1966	Übernahme der *Société Alsacienne de Constructions Atomiques, de Télécommunications et d'Electronique* (Alcatel).
1970	Ambroise Roux wird Vorsitzender der *CGE*.
1982	Jean-Pierre Brunet wird Vorsitzender der *CGE*.
1984	Georges Pebereau wird Vorsitzender der *CGE*.
	Thomson CSF's öffentliche Telekommunikation und Business Kommunikation werden zu einer Holding verschmolzen, der *Thomson Télécommunications*, die von der *CGE*-Gruppe übernommen wird.
	Câbles de Lyon kauft *Thomson Jeumont Câbles* und *Kabeltel* mit Zustimmung der *CGE-Thomson*.
1985	*Alsthom Atlantique* wird umbenannt in *Alsthom*.
	Merger zwischen *CIT-Alcatel* und *Thomson Télécommunications*. Die neue Firma übernimmt den Namen *Alcatel*.
1986	Gründung der *Alcatel NV*, die einer Vereinbarung mit der *ITT Corporation* folgt, mit der die europäischen Telekommunikationsaktivitäten an *CGE* verkauft werden. Pierre Suard wird Vorsitzender der *CGE*.
	CGE kauft einen 40%-Anteil von *Framatome*.
	Câbles de Lyon wird eine Geschäftseinheit von *Alcatel NV*.
1987	Privatisierung der *CGE*.
	Alsthom gewinnt die Ausschreibung für die Ausstattung des *TGV Atlantique*-Netzwerks und führt das Konsortium von französischen, belgischen und britischen Firmen an, die mit dem Aufbau des nördlichen TGV-Netzwerks beauftragt sind.
1988	Kooperation von *Alsthom* und *General Electric (UK)*.
	Merger der Aktivitäten von *Alsthom* und *GEC Power Systems*.
1989	Die Zusammenarbeit zwischen *CGE* und *General Electric* führt zur Gründung von *GEC Alsthom*.
	CGEE-Alsthom wird in *Cegelec* umbenannt.

1990	Kooperationsvereinbarung zwischen *CGE* und *Fiat*. *Alcatel* übernimmt *Telettra* und *Fiat* kauft eine Mehrheit der *CEAC*.
	Zukauf der *Câbleries de Dour* (Belgien) und des amerikanischen Kabelgeschäfts von *Ericsson* durch *Câbles de Lyon*.
	Übereinkunft zur Kapitalstruktur von *Framatome* (*CGE Holding* hält einen Anteil von 44,12 %).
1991	*Compagnie Générale d'Electricité* wird umbenannt in *Alcatel Alsthom*.
	Kauf der Division »Transmission Systems« der amerikanischen *Rockwell Technologies Group*.
	Câbles de Lyon wird *Alcatel Cable* und übernimmt *AEG Kabel*, einen führenden Kabelhersteller in Deutschland.
1992	*Alcatel Alsthom* kauft *AEG Kabel* und baut damit seine regionale Marktposition aus.
1993	Kauf der *STC Submarine Systems*, eine Division der *Northern Telecom Europe* (heute *Nortel Networks*).
1995	Serge Tchuruk wird Vorsitzender und CEO der *Alcatel Alsthom*. Er restrukturiert das Unternehmen und fokussiert sich auf Telekommunikation.
1998	Alcatel Alsthom wird umbenannt in Alcatel.
	Kauf der amerikanischen DSC.
	Börsengang der GEC ALSTHOM, die zu Alstom umbenannt wird. Alcatel behält 24 % der neu formierten Firma.
	Alcatel verkauft *Cegelec* an *Alstom*.
1999	Kauf der amerikanischen Unternehmen *Xylan, Packet Engines, Assured Access and Internet Devices*, spezialisiert auf Internet-Netzwerke.
	Alcatel erhöht seine Beteiligung an *Thomson CSF* (jetzt *Thales*) auf 25,3 % and verringert seine Beteiligung in *Framatome* auf 8,6 %.
2000	Kauf der kanadischen Firma *Newbridge*, Weltmarktführer in ATM-Technologien, einer speziellen Datenübertragungstechnik.
	Kauf der amerikanischen Firma *Genesys*, Weltmarktführer bei Kontaktzentren.
	Kauf der Firma *Innovative Fibers*, Weltmarktführer für optische DWDM-Filter, die zur Datenübertragung in Glasfaserkabeln eingesetzt werden.
	Die Kabelaktivitäten werden ausgegliedert und umbenannt in *Nexans*.
2001	Verkauf der 24 % Anteile von Alstom.
	Börsengang eines signifikanten Teils des Kabel- und Komponenten-Geschäfts (Nexans). Alcatel behält 20 % der Anteile an Nexans.
	Kauf von 48,83 % Anteile von Alcatel Space durch Thales, damit

2001 Übernahme von Alcatel Space. Nach dieser Transaktion verringert sich der Anteil von Alcatel an Thales von 25,29 % auf 20,03 %.

Verkauf von 4,2 % Anteile an Thales.

Kauf einer Beteiligung von 2,2 % an Areva.

Verkauf der DSL-Modem-Aktivitäten an Thomson Multimedia.

2002 Kauf der Astral Point Communications Inc., eines amerikanischen Innovationsführers bei SONET Metro Optical Systems.

Abgabe der Alcatel Microelectronics an STMicroelectronics.

Verkauf der verbleibenden Anteile von Thomson.

Alcatel kauft die Mehrheit der Alcatel Shanghai Bell.

Alcatel vervollständigt den Kauf der Telera Corporation.

Verkauf von 10,3 Millionen Thales-Aktien (Alcatels Anteil verringert sich dadurch von 15,83 % auf 9,7 %).

Verkauf von 1,5 Million Nexans-Aktien (Alcatels Anteil an Nexans verringert sich von 20 % auf 15 %).

2003 Verkauf von 50 % der Anteile an Atlinks, einem Telefonhersteller, an Alcatels Joint-Venture-Partner Thomson.

Kauf der iMagicTV, eines kanadischen Zulieferers, der sich auf Software und Services spezialisiert hat, mit dem Serviceprovider digitales Fernsehen über Breitbandnetze verbreiten können.

Kauf der TiMetra Inc., eines amerikanischen Herstellers von Routern.

Verkauf der Optikkomponenten von Alcatel an Avanex.

Alcatel und Draka kreieren den Weltmarktführer in optischen Glasfaserkabeln.

2004 Verkauf von SAFT, einer Geschäftseinheit der Gruppe, die sich auf Batterietechnologien spezialisiert hat, an Doughty Hanson.

Alcatel und TCL Communication Technology Holdings Limited formen einen Joint Venture für mobile Telefone. Das Joint Venture gehört zu 55 % TCL und zu 45 % Alcatel.

Alcatel und Draka Holding N.V. (»Draka«) legen ihr globales Glasfasergeschäft zusammen. Draka gehören 50,1 %, Alcatel 49,9 % der neu gegründeten Draka Comteq B.V.

Alcatel kauft den amerikanischen Marktführer für Konferenz- und Kollaborationssysteme, eDial Inc. Alcatel verkauft 7,1 Million Avanex-Aktien, um den Anteil der Gruppe auf unter 20 % zu bekommen.

Alcatel komplettiert den Kauf der amerikanischen Firma Spatial Communications (damals Spatial Wireless), eines führenden Anbieters von softwarebasierten Lösungen für Vermittlungsstellen im Mobilfunknetz.

2005   Ein Rekordjahr in der Geschichte von *Alcatel:* Die Zahl der abgeschlossenen Kontrakte und Vereinbarungen führt zum bislang besten Ergebnis des Konzerns. In erster Linie hängt dies mit den Anstrengungen der mobilen Netzbetreiber zusammen, ihre bestehenden Netzwerke zu modernisieren.

2006   *Alcatel* verkündet erste Pläne zu einem Merger mit *Lucent Technologies.* Zur gleichen Zeit veröffentlicht *Alcatel* ebenfalls seine Pläne, die bestehenden Anteile an *Thales* (einem der führenden Hersteller von Verteidigungstechnik in Frankreich) zu erhöhen und einen Großteil des Satellitengeschäfts, die Signaltechnik und kritische Sicherheitssysteme dorthin zu übertragen. *Alcatel* verkündet seine Absichten, *Nortel's UMTS Radio Access Business* zu übernehmen, um die eigene Marktposition in dieser Branche zu stärken.

Die Geschichte der Firma Lucent

1869 In Cleceland gründen Elisha Gray und Enos N. Barton *Gray and Barton*, eine kleine Produktionsfirma. Drei Jahre später zieht das Unternehmen nach Chicago und wird umbenannt in *Western Electric Manufacturing Company.*

1881 *American Bell* kauft die Mehrheit der Anteile der *Western Electric* und macht das Unternehmen zum exklusiven Entwickler und Hersteller für Geräte der *Bell Telephone Companies.*

1925 Aus der Konsolidierung der *Western Electric Research* gehen die 1907 gegründeten *Bell Telephone Laboratories* als Teil der Entwicklungsabteilung von *AT&T* hervor.

1927 Die erste Langstrecken-Fernsehübertragung (von Washington, D. C. nach New York City) ist ein wichtiger Meilenstein der *Bell Labs*.

1937 Dr. Clinton J. Davisson wird der erste von 11 Nobelpreisträgern, die aus den *Bell Laboratories* hervorgehen – er bekommt den Preis für den experimentellen Nachweis der Wellenform von Elektronen.

1946 Nach der kritischen Rolle als Hauptversorger für Telekommunikation des amerikanischen Militärs im zweiten Weltkrieg widmet sich *Western Electric* der zivilen Nutzung von Telefonen. Allein in diesem Jahr werden 4 Millionen Telefone produziert.

1947 Die Entdeckung einer speziellen Nutzung von Radiowellen führt zur Erfindung der mobilen Telefonie. Mitte der 40er Jahre entwickeln die *Bell Labs* ein Konzept für mobiles Telefonieren und starten den ersten kommerziellen Service dafür. Die weitere Entwicklung in der mobilen Funktechnologie wird weitgehend von den *Bell Labs* vorangetrieben und führt schließlich zur Entwicklung des digitalen Mobilnetzes, mit dem eine deutlich bessere Übertragungsqualität, eine größere Übertragungskapazität und damit geringere Kosten für die Übertragung möglich werden.
Bell Labs erfinden den Transistor, ein weiterer Nobelpreis für diesen technologischen Durchbruch ist die Folge.

1948 Claude Shannon gelingt die Quantifizierung der Informationstheorie – dies ermöglicht den Ingenieuren, mathematische Berechnungen zu den Kapazitäten der Informationsübertragung von Kommunikationssystemen anzustellen.

1954 *Bell Labs* erfinden die Solarzelle, mit der die direkte Umwandlung von Sonnenlicht in Elektrizität möglich wird. Solarzellen werden zu einem zukunftsweisenden Geschäft.

1956 Das erste transatlantische Telefonkabel wird verlegt. Damit wird es möglich, bis zu 36 Anrufe gleichzeitig zu übertragen.

AT&T unterzeichnet einen Vertrag, der es *Western Electric* verbietet, größere Mengen von Telefonausrüstungen für die *Bell System* herzustellen. *Western Electric* verkauft seine anderen Geschäftsfelder an *Litton Industries* und *Northern Electric* (heute *Nortel*).

1957 Das Prinzip des Lasers wird erfunden – wieder von den *Bell Laboratories*.

1962 *Bell Labs* entwickelt und bringt »Telstar I«, den ersten Telekommunikationssatelliten ins All. Mit dieser Technologie wird es möglich, Telefongespräche ohne Kabelverlegung rund um die Welt zu vermitteln.

1969 Das Betriebssystem UNIX wird von Ken Thompson and Dennis Ritchie entwickelt. Eine simple Software, die später zur Grundlage des Internet wird. Sowohl UNIX als auch die Programmiersprache C werden zwischen 1969 bzw. 1972 in den *Bell Labs* erfunden und weiterentwickelt. Mit UNIX wird es möglich, unterschiedliche Computer zu großen Netzwerken zu verbinden. Die neue Programmiersprache ermöglicht es Technikern, bislang unerreichte Effizienz und Kreativität in der Programmierung zu entwickeln. Dies führt zu einem weiteren Schub in der Verkleinerung von Computern. Bis heute ist UNIX das Betriebssystem der meisten großen Internet-Server.

1978 »First«, das erste von den *Bell Labs* entwickelte mobile Telefonnetz geht in Chicago an den Start.

1980 *Bell Labs* entwickelt den digitalen Prozessorchip.

1982 *AT&T* muss seine bestehenden Telefongesellschaften diversifizieren. Im Januar 1984 wird eine neuen Einheit gegründet, die *AT&T Technologies*. *AT&T Technologies* hat unterschiedliche Geschäftsfelder und produziert Konsumprodukte, Kommunikations- und Netzwerktechnologie sowie Informationssysteme.

1983 Erste Lichtwellenübertragung mit hoher Kapazität zwischen New York City und Washington, D. C.

1989 *AT&T Technologies* wird weiter in unterschiedliche Geschäftsfelder unterteilt, darunter *AT&T Network Systems*, *AT&T Global Business Communications Systems*, *AT&T Microelectronics* und AT&T *Consumer Products*, die später zusammen mit den *Bell Labs* zu *Lucent Technologies* vereinigt werden.

1995 *AT&T* unterteilt sich in drei unabhängige börsennotierte Unternehmen, um besser auf die unterschiedlichen Interessen der verschiedenen Kundengruppen eingehen zu können.

1996   *Lucent Technologies* verkündet seine Trennung von *AT&T* und geht an die Börse.

1998   Horst Stormer und zwei weitere Forscher der *Bell Labs* erhalten den Nobelpreis in Physik für ihre Entdeckung spezifischer Quanteneffekte.

2000   *Lucent* gründet einen Spin-off: seine »Enterprise Networking Group« *(Avaya Inc.)*.

2001   *Agere Systems, Lucents* Geschäftzweig mit Mikroelectronik, geht als eigenständige Firma an die Börse.

2002   Pat Russo wird CEO, ein Jahr später ist sie Vorstandsvorsitzende.

2004   *Lucent* veröffentlicht zum erstem Mal seit dem Jahr 2000 positive Jahresergebnisse.

2005   Jeong Kim wird elfter Präsident der *Bell Labs*; *Lucent* unterschreibt einen mehrjährigen Leistungsvertrag mit *Sprint* mit einem Wert von über 1,5 Millionen Dollar.

2006   *Lucent* verkündet seine Pläne, mit *Alcatel* zu fusionieren; der neue Firmensitz wird Paris.

Die Fusionsmeldung im Original:

»Alcatel und Lucent Technologies: Fusion und Gründung des weltweit größten Anbieters für Kommunikationslösungen

Paris, Frankreich und Murray Hill, N. J., USA, 2. April 2006 – Alcatel (Paris: CGEP.PA und NYSE: ALA) und Lucent Technologies (NYSE: LU) kündigen heute den Abschluss eines Fusionsvertrages an, um nunmehr zum Weltmarktführer für Kommunikationslösungen zu avancieren mit dem umfassendsten Angebot im Festnetz-, Mobilfunk- und Dienstleistungsbereich der Branche. Wichtigster Motor für den Zusammenschluss sind die Gewinnperspektiven, die der Markt für Kommunikationsnetze, angeschlossene Dienstleistungen und Applikationen der neuen Generation bietet, wobei sich gleichzeitig bedeutende Synergieeffekte ergeben. Der Umfang des Konzerns, dessen Entfaltungsmöglichkeiten und globale Leistungsfähigkeiten werden den langfristigen Wert für Aktieninhaber, Kunden und Mitarbeiter heben.

Der von den Verwaltungsräten beider Gesellschaften gebilligte Zusammenschluss baut auf die Komplementarität der Geschäftsbereiche und die Fähigkeit der Unternehmen auf, eine führende Stellung in der Umgestaltung von Festnetzen, Mobilfunk- und konvergierenden Datennetzen der neuen Generation einzunehmen. Strategische Eignung schafft ein auf globaler Ebene führendes Unternehmen für die Netzwerke und angeschlossene Dienstleistungen der neuen Generation.

›Bei dieser Fusion handelt es sich um eine strategische Passung zwischen zwei erfahrenen, hoch angesehenen und auf globaler Ebene führenden Gesellschaften, die zusammen zum Weltmarktführer im Bereich konvergierender Kommunikationslösungen avancieren werden‹, so Serge Tchuruk, Vorsitzender und CEO von Alcatel, der zum Non-Executive Chairman des Konzerns ernannt wird. ›Alcatel und Lucent werden zusammen auf globaler Ebene tätig sein, eine klare Führerschaft im Bereich der Definition der Netzwerktechnologien der neuen Generation einnehmen und auch über die bedeutendsten Forschungs- und Entwicklungskapazitäten im Kommunikationsbereich verfügen und nicht zuletzt auch das weltweit größte und erfahrenste Service-Team der Branche beschäftigen. Sie werden den Wert für die Aktionäre beider Gesellschaften steigern, die davon profitieren, Anteilseigner des dynamischsten Global Players der Kommunikationsbranche sein zu können.‹

191

Patricia Russo, Vorsitzende und CEO von Lucent, die die Generaldirektorin (CEO) des Konzerns wird, erklärte: ›Der strategische, logische Antrieb dieses Zusammenschlusses ist überzeugend. Die Kommunikationsbranche steht am Anfang einer bedeutenden Umgestaltung der Netzwerktechnologien, Applikationen und angeschlossenen Dienstleistungen, die in Zukunft konvergierende Dienstleistungen über Providernetzwerke, Unternehmensnetze und sonstige persönliche Anlagen ermöglichen sollen. Dies bietet außergewöhnliche Chancen für ein rasches Wachstum unseres Konzerns. Der Zusammenschluss schafft einen neuen Wettbewerber in der Branche, der über das umfassendste Produktangebot verfügt und der bereit ist, Kunden, Aktieninhabern und Mitarbeitern bedeutenden Nutzen zu bringen.‹

Überblick über einen strategischen Zusammenschluss

Der Konzern, dessen neuer Name später bekannt gegeben wird, wird auf Basis des Schlusskurses von Freitag, dem 31. März, einen Börsenwert von rund 30 Mrd. Euro (36 Mrd. USD) haben. Auf der Grundlage des Umsatzes für das Jahr 2005 kann der Konzern Einnahmen i. H. v. etwa 21 Mrd. Euro (25 Mrd. USD) verbuchen, die auf Nordamerika, Europa und dem Rest der Welt fast gleichmäßig verteilt sind. Zum 31. Dezember 2005 beschäftigte der Konzern rund 88 000 Angestellte.

Der neue Konzern hat folgende Trümpfe in der Hand:

- Eine solide finanzielle Grundlage und signifikante Synergieeffekte, die Kosteneinsparungen von etwa 1,4 Mrd. Euro (1,7 Mrd. USD) in den ersten drei Jahren erbringen, wobei erwartet wird, dass ein Großteil davon im Laufe der ersten beiden Jahre erzielt werden.
- Die weltweit bedeutendsten und qualifiziertesten Service-Teams der Branche.
- Eine Führungsposition in den Bereichen Kommunikationslösungen, Festnetz- und Mobilfunk.
- Vertrauensvolle, langjährige Beziehungen zu den wichtigsten Providern und Diensteanbietern der Welt.
- Ein starker Impuls im Bereich Spitzenunternehmenstechnologien und -märkten einschließlich sicherheitsrelevanter und Sicherheitsanwendungen. Die leistungsfähigsten Forschungs- und Entwicklungskapazitäten der Welt, einschließlich Bell Labs, die 26 100 Ingenieure und Wissenschaftler weltweit beschäftigen.

- Ein erfahrenes internationales Management-Team, das eine gemeinsame Vision für die Zukunft hat und auf bedeutende Erfolge zurückblicken kann.
- Eine solide finanzielle Basis und ein diversifizierter Kundenstamm mit einer Präsenz in mehr als 130 Ländern.

Es wird erwartet, dass die Kostensynergieeffekte innerhalb von drei Jahren nach Abschluss der Fusion erreicht werden. Diese Synergieeffekte kommen aus verschiedenen Bereichen; darin eingeschlossen sind die Konsolidierung der Support-Funktionen, die Optimierung der Lieferkette und der Beschaffungsstruktur, der effiziente Einsatz von FuE und Dienstleistungen über eine größere Basis sowie auch der Abbau um etwa 10 Prozent des weltweiten Personalbestands. Des Weiteren führt der Zusammenschluss zu neuen Cash-Umschichtungsgebühren i. H. v. etwa 1,4 Mrd. Euro (1,7 Mrd. USD), wobei die Gebühren hauptsächlich innerhalb des ersten Jahres aufgezeichnet werden. Man erwartet, dass der Großteil der Umstrukturierung innerhalb von 24 Monaten nach Abschluss der Fusion beendet sein wird und dass das Geschäft zu einer Erhöhung des Aktienpreises im ersten Jahr nach Abschluss der Synergieeffekte, ausschließlich Kosten der Umstrukturierung und Tilgung der immateriellen Vermögensgegenstände, führt.

Eine auf weltweiter Ebene verwaltete Gesellschaft

Der neue Konzern wird von einer Führungsriege mit Managern aus beiden Unternehmen geführt, die das Gleichgewicht zwischen den beiden Gesellschaften reflektiert und die vielfältigen Talente und den multikulturellen Charakter des Personalbestands beider Gesellschaften mit einbezieht. Die Betriebsleitung wird umgehend nach dem Abschluss der Fusion in diese Richtung wirken und gleichzeitig das Fortbestehen der Unternehmensverwaltung beider Gesellschaften sicherstellen. Die Betriebsleitung wird von Particia Russo, CEO, angeführt und umfasst ebenfalls Mike Quigley, COO, Frank D'Amelio, Senior EVP, der die Integration und den Ablauf leitet, Jean-Pascal Beaufret, CFO, Étienne Fouques, EVP, der sich um die neuen Märkte kümmert, und Claire Pedini, Senior VP, Human Resources. Zusätzliche Ankündigungen vom Organisations- und Management-Team werden zu einem späteren Zeitpunkt gemacht.

Zwischen der Unterzeichnung und dem Abschluss der Fusion
werden Serge Tchuruk und Patricia Russo ein Integrationsteam leiten,
dessen Mitglieder in Kürze bekannt gegeben werden, und versuchen
sicherzustellen, dass mit der Umsetzung der Synergien umgehend
nach Abschluss der Fusion begonnen wird.

Überblick über die Transaktion

Laut den Vertragsbedingungen erhalten Lucents Aktieninhaber 0,1952
einer ADS (American Depositary Share), der Stammaktie von Alcatel
(als Konzern), für jede Stammaktie von Lucent, die von ihnen zurzeit
gehalten wird. Nach Abschluss der Fusion werden Alcatels Aktieninhaber ca. 60 Prozent des Konzerns und Lucents Aktieninhaber ca.
40 Prozent des Konzerns halten. Die Stammaktien des Konzerns
werden weiterhin auf Euronext Paris gehandelt und die die Stammaktien darstellenden ADSs werden weiterhin an der New Yorker Börse
gehandelt.

Der durch diesen Zusammenschluss gebildete Konzern wird in
Frankreich gegründet und eingetragen. Die Unternehmensleitung
hat ihren Sitz in Paris. Das nordamerikanische Unternehmen wird in
New Jersey, USA, ansässig sein, wo auch Bell Labs ihren Firmensitz
hat. Der Aufsichtsrat des Konzerns wird aus 14 Mitgliedern bestehen,
und jede Gesellschaft wird zu gleichen Teilen vertreten sein. Zu den
Mitgliedern gehören Herr Tchuruk und Frau Russo sowie jeweils fünf
derzeitige Direktoren von Alcatel und Lucent. Ferner gehören dem
Aufsichtsrat zwei neue, unabhängige europäische Direktoren an, auf
die sich noch gegenseitig zu einigen ist.

Der Konzern beabsichtigt, eine separate, unabhängige US-amerikanische Konzerntochter zu gründen, die bestimmte Verträge mit
US-amerikanischen Regierungsbehörden hält. Diese Tochter würde
separat von einem Gremium gemanagt, das aus drei unabhängigen
US-Bürgern besteht, die für die US-amerikanische Regierung akzep-
tabel sind. Diese Strukturart wird routinemäßig zum Schutz gegen
gewisse Regierungsprogramme bei Zusammenschlüssen eingesetzt,
an denen nicht-US-amerikanische Gesellschaften teilnehmen.

Der Konzern bleibt weiterhin der industrielle Partner von Thales
und ein Schlüsselaktionär an der Seite des französischen Staats. Die
Direktoren, die von dem Thales-Gremium ernannt werden, würden
EU-Bürger sein. Serge Tchuruk oder ein französischer Direktor oder
eine französische Führungskraft des Konzerns würden die Haupt-

verbindung zu Thales darstellen. Des Weiteren hat der Ausschuss von Alcatel eine Fortsetzung der Verhandlungen mit Thales mit dem Ziel genehmigt, die Partnerschaft durch den Beitrag gewisser Vermögenswerte und einer verstärkten Beteiligungsposition bei Thales zu untermauern.

Die Fusion unterliegt den üblichen behördlichen und staatlichen Prüfungen in den Vereinigten Staaten, Europa und andernorts sowie auch der Genehmigung seitens der Anteilseigner beider Gesellschaften und den sonstigen üblichen Bedingungen. Der Abschluss der Transaktion wird in sechs bis zwölf Monaten erwartet. Die Gesellschaften werden ihre Geschäfte bis zum Abschluss der Fusion unabhängig voneinander betreiben.

**Engagement den Kunden
und Interessenvertretern gegenüber**
›Unsere Kunden werden von einem Partner profitieren können, dessen Umfang und Entfaltungsmöglichkeiten die fortschrittlichsten Kommunikationsservices für die Ausführung, Erstellung und Verwaltung konvergierter Netze anbietet, die es auf dem Markt gibt. Aus diesem Grund wird dieser Konzern einen beispiellosen Fokus auf die Abwicklung, Innovation und den Service für unsere Kunden liefern‹, so Patricia Russo. ›Serge Tchuruk und ich werden mit unserem Führungsteam intensiv daran arbeiten, unsere gemeinsame Kultur der technischen Exzellenz in beiden Gesellschaften zu festigen, um unseren Konzern zu Erfolg, Wachstum und Wertschöpfung auf Grundlage der Netzwerke und Dienstleistungen der neuen Generationen zu führen.‹

›Wir haben uns verpflichtet, nach dem Abschluss der Fusion dynamisch vorzurücken, unsere Betriebe schnell zusammenzulegen und unsere Firmenkulturen schnell zu integrieren, um sicherzustellen, dass wir alle Vorteile dieses Zusammenschlusses für unsere Kunden, Aktionäre und Mitarbeiter erfassen‹, so Serge Tchuruk. ›Beide Gesellschaften teilen dieselbe Vision, was die Entwicklung der Netzwerke angeht, und auch das Engagement für einen erstklassigen Kundendienst und eine hochqualifizierte, motivierte und weltweite Belegschaft. Wir freuen uns über die außergewöhnliche Möglichkeit, diese zukünftige Richtung gemeinsam einschlagen zu können.‹

Eine persönliche Pressekonferenz wird morgen in Paris um 13 Uhr Pariser Zeit (7 Uhr Eastern Zeit) mit Serge Tchuruk und Patricia Russo abgehalten. Die Konferenz steht auch durch einen Live-Webcast zur Verfügung. Eine persönliche Konferenz für Analysten/Kapitalanleger wird morgen um 15 Uhr Pariser Zeit (9 Uhr Eastern Zeit) in Paris abgehalten. Die Konferenz steht auch durch einen Live-Webcast zur Verfügung.

Safe Harbor für zukunftsorientierte Aussagen

Diese Pressemitteilung enthält Aussagen über eine beabsichtigte Transaktion zwischen Lucent und Alcatel, den erwarteten Zeitplan für den Abschluss des Geschäfts, zukünftige Finanz- und Betriebsergebnisse, Vorteile und Synergieeffekte der beabsichtigten Transaktion sowie noch weitere Aussagen über zukünftige Erwartungen in Bezug auf Lucents und Alcatels Management, deren Annahmen, Zielvorstellungen, Pläne oder Zukunftsaussichten, die auf derzeitigen Erwartungen, Schätzungen, Prognosen und Vorausberechnungen über Lucent und Alcatel und den Konzern sowie auch Lucents und Alcatels und des Konzerns zukünftige Performance und der Branchen basieren, in denen Lucent und Alcatel und der Konzern tätig sein werden, und zwar zusätzlich zu den vom Management gemachten Annahmen. Diese Aussagen stellen zukunftsorientierte Aussagen im Sinne des U.S. Private Securities Litigation Reform Act von 1995 dar. Wörter, wie beispielsweise ›erwartet‹, ›rechnen mit‹, ›Vorgaben‹, ›Zielvorstellungen‹, ›vorhersagen‹, ›beabsichtigen‹, ›planen‹, ›der Annahme sein‹, ›versuchen‹, ›schätzen‹, und Modifizierungen dieser Wörter und ähnlicher Ausdrücke, die keine Aussagen über historische Tatsachen darstellen, sollen diese zukunftsorientierten Aussagen erkenntlich machen. Diese zukunftsorientierten Aussagen stellen keine Garantien für zukünftige Leistungen dar und bergen gewisse nur schwer zu bewertende Risiken, Ungewissheiten und Annahmen in sich. Aus diesem Grund können sich die tatsächlichen Ergebnisse von dem in diesen zukunftsorientierten Aussagen Ausgedrückten oder Vorausgesagten maßgeblich unterscheiden. Diese Risiken und Ungewissheiten basieren auf einer Serie wichtiger Faktoren, u. a. auch: der Fähigkeit, das beabsichtigte Geschäft abschließen zu können; Schwierigkeiten und Verzögerungen in Bezug auf den Erhalt behördlicher Genehmigungen für die beabsichtigte Transaktion; Schwierigkeiten und Verzögerungen in Bezug auf ein Erreichen der Synergieeffekte und Kosteneinsparungen; potenziellen Schwierigkeiten in Bezug auf die Erfüllung der Konditionen, die in dem definitiven von Lucent und Alcatel abgeschlossenen Fusionsvertrag aufgeführt sind; Fluktuationen des Telekommunikationsmarkts; der Preisgestaltung, Kosten und sonstigen Risiken, die zu langfristigen Verkaufsverträgen gehören; Verlass auf eine begrenzte Anzahl an Vertragsherstellern zur Lieferung der von uns verkauften Produkte; der Tatsache, dem Kreditrisiko des Kunden ausgesetzt zu sein; den sozialen, politischen und wirtschaftlichen Risiken unseres jeweiligen weltweiten Betriebs; den mit Aufwendungen und Erträgen aus Pensionszusagen in Verbindung stehenden Kosten und Risiken; der Komplexität der verkauften Produkte; Änderungen bestehender Vorschriften oder technischer Standards; bestehenden und zukünftigen Rechtsstreitigkeiten; Schwierigkeiten und Kosten hinsichtlich des Schutzes gewerblicher Schutz- und Urheberrechte und dem Risiko in Bezug auf Verletzungsansprüche seitens Dritter; und Einhaltung der Umwelt-, Gesundheits- und Sicherheitsgesetze. Für eine vollständige Auflistung und Beschreibung dieser Risiken und Ungewissheiten bitten wir Sie, sich auf Lucents Vordruck 10-K für das Jahr zum 30. September 2005 und Alcatels Vordruck 20-F für das Jahr zum 31. Dezember 2005 sowie auch auf andere Einreichungen von Lucent und Alcatel bei der US Securities and Exchange Commission zu beziehen. Ausgenommen das gemäß der US-Bundessicherheitsgesetze und den Vorschriften und Regelungen der US Securities and Exchange Commission Vorgeschriebene, lehnen Lucent und Alcatel sämtliche Absichten oder Verpflichtungen zur Aktualisierung der zukunftsorientierten Aussagen nach der Verteilung dieser Pressemitteilung ab, und zwar gleich, ob auf Grund neuer Informationen, zukünftiger Ereignisse, Entwicklungen, Änderungen der Annahmen oder von Sonstigem.

Wichtige zusätzliche Informationen werden bei der ›SEC‹ eingereicht

In Verbindung mit dem beabsichtigten Geschäft tragen sich Lucent und Alcatel mit der Absicht, maßgebliches Material bei der Securities and Exchange Commission (der ›SEC‹) einzureichen, und zwar einschließlich einer Einreichung bei der SEC einer Anmeldungserklärung auf Vordruck F-6 und einer Anmeldungserklärung auf Vordruck F-4 seitens Alcatels (gemeinsam: die ›Anmeldungserklärungen‹), die einen vorläufigen Verkaufsprospekt, einen endgültigen Verkaufsprospekt und diesbezügliche Materialien zur Anmeldung von Alcatels American Depositary Shares (›ADSs‹) sowie auch von Alcatels Stammaktien umfassen, die underlying in Bezug auf die Alcatel ADSs sind und im Tausch gegen Lucents Stammaktien emittiert werden, und Lucents und Alcatels Plan, bei der SEC eine Proxy-Erklärung und einen Verkaufsprospekt in Bezug auf das beabsichtigte Geschäft einzureichen und diese den Inhabern der Wertpapiere zugehen zu lassen. Die Anmeldungserklärungen, Proxy-Erklärung und der Verkaufsprospekt enthalten wichtige Informationen über Lucent, Alcatel, das Geschäft und die damit in Verbindung stehenden Sachen. Die Kapitalanleger und Inhaber von Wertpapieren werden dringend darum gebeten, die Anmeldungserklärungen, die Proxy-Erklärung und den Verkaufsprospekt sorgfältig durchzulesen, wenn diese erhältlich sind. Die Kapitalanleger und Inhaber von Wertpapieren können kostenlose Kopien der Anmeldungserklärungen und der/des informativen Erklärung/Proxy-Erklärung/Verkaufsprospekts und sonstiger bei der SEC von Lucent und Alcatel eingereichten Unterlagen auf der von der SEC gepflegten Webseite www.sec.gov erhalten. Des Weiteren können Kapitalanleger und Inhaber von Wertpapieren kostenlose Kopien der Anmeldungserklärungen und der/des informativen Erklärung/Proxy-Erklärung/Verkaufsprospekts erhalten, wenn diese von Lucent bereitgestellt werden, indem sie Investor Relations unter www.lucent.com oder Lucent unter der Postanschrift 600 Mountain Avenue, Murray Hill, New Jersey 07974, USA, oder telefonisch unter Rufnummer [908–582–8500] und Alcatel unter Investor Relations unter www.alcatel.com, auf dem Postweg unter [54, rue La Boétie, 75008 Paris, Frankreich] oder telefonisch unter Rufnummer [33–1-40–76–10–10] kontaktieren.

Lucent und ihre Direktoren und Sachbearbeiter des gehobenen Dienstes können ebenfalls als Teilnehmer in Bezug auf die Einholung von Proxies von Lucents Aktieninhabern in Zusammenhang mit dem hier beschriebenen Geschäft angesehen werden. Informationen über die speziellen Interessen der an dieser hier beschriebenen Transaktion teilnehmenden Direktoren und Sachbearbeitern des gehobenen Dienstes sind in der weiter oben beschriebenen Proxy-Erklärung und dem Verkaufsprospekt enthalten. Weitere Informationen über diese Direktoren und Sachbearbeiter des gehobenen Dienstes sind auch in Lucents Proxy-Erklärung für ihre Jahreshauptversammlung der Aktionäre 2006 enthalten, die bei der SEC am oder gegen den 3. Januar 2006 eingereicht wurde. Dieses Dokument kann kostenlos von SECs Webseite www.sec.com und von Lucent erhalten werden, indem Sie Investor Relations im Web unter www.lucent.com, Lucent auf dem Postweg unter Postanschrift 600 Mountain Avenue, Murray Hill, New Jersey 07974, USA, oder telefonisch unter Rufnummer [908–582–8500] kontaktieren.

Alcatel, ihre Direktoren und Sachbearbeiter des gehobenen Dienstes können als Teilnehmer bei der Einholung von Proxies von Lucents Aktieninhabern in Verbindung mit dem hier beschriebenen Geschäft angesehen werden. Informationen über die speziellen Interessen der an dieser hier beschriebenen Transaktion teilnehmenden Direktoren und Sachbearbeitern des gehobenen Dienstes sind in der weiter oben beschriebenen Proxy-Erklärung und dem Verkaufsprospekt enthalten. Weitere Informationen über diese Direktoren und Sachbearbeiter des gehobenen Dienstes sind auch in Alcatels Proxy-Erklärung für ihre Assemblée Générale Mixte Ordinaire Et Extraordinaire 2005 enthalten. Diese Dokumente können kostenlos von Alcatels Webseite www.alcatel.com unter Investor Relations, auf dem Postweg unter Postanschrift 54, rue La Boétie, 75008 Paris, Frankreich, oder telefonisch unter Rufnummer 33–1–40–76–10–10 angefordert werden.«

Literatur

Agrawal, A., J. F. Jaffea. G. N. Mandelker (1992): The ost-erger performance of acquiring firms: A re-examination of an anomaly. *The Journal of Finance* 47 (4): 1605–1621.

Austen, I. (2006): A continental shift. *New York Times* (25.3.2006).

Baecker, D. (1999): Organisation als System. Frankfurt a. M. (Suhrkamp).

Baecker, D. (2003): Organisation und Management. Frankfurt a. M. (Suhrkamp).

Baecker, D. (2005): Form und Formen der Kommunikation. Frankfurt a. M. (Suhrkamp).

Baecker, D. (2007): Studien zur nächsten Gesellschaft. Frankfurt a. M. (Suhrkamp).

Bateson, G. (1984): Ökologie des Geistes. Frankfurt a. M. (Suhrkamp).

Bauman, Z. (2000): Flüchtige Moderne. Frankfurt a. M. (Suhrkamp).

Bauman, Z. (2005): Moderne und Ambivalenz. Hamburg (Hamburger Edition), 2. Aufl.

Bonsen, M. zur (2003): Real Time Strategic Change. Stuttgart (Klett-Cotta).

Buono, A. F. a. J. L. Bowditch (1989): The human side of mergers and acquisitions. Managing collisions between people, cultures, and organizations. San Francisco (Jossey-Bass).

Budzinski, O. u. W. Kerber (2003): Megafusionen, Wettbewerb und Globalisierung. (Reihe »Zukunft der Marktwirtschaft«, Bd. 4.) Frankfurt a. M. (FAZ-Verlag).

Deleuze, G. (1997): Differenz und Wiederholung. München (Wilhelm Fink).

de Shazer, S. (2010): Der Dreh. Überraschende Wendungen und Lösungen in der Kurzzeittherapie. Heidelberg (Carl-Auer), 11. Aufl.

Financial Times Deutschland (2007): Fusionsmarkt erreicht Rekordhoch (3.5.2007).

Foerster, H. von (1993): Wissen und Gewissen. Versuch einer Brücke. Frankfurt a. M. (Suhrkamp).

Gerpott, T. (1993): Integrationsgestaltung und Erfolg von Unternehmensakquisitionen. Stuttgart (Schäffer-Poeschel).

Hampden-Turner, C. a. F. Trompenaars (1997): Riding the waves of culture: Understanding cultural diversity. London (Nicholas Brealey).

Jansen, S. A. (1998): Mergers & Acquisitions: Unternehmensakquisitionen und -kooperationen. Eine strategische, organisatorische und kapitalmarkttheoretische Einführung. Wiesbaden (Gabler).

Jansen, S. A. (2001): Mergers & Akquisitions. Unternehmensakquisitionen und -kooperationen. Wiesbaden (Gabler).

Jansen, S. A. (2004): Management von Unternehmenszusammenschlüssen. Theorien, Thesen, Tests und Tools. Stuttgart (Klett-Cotta).

Kauffman, S. (1996): Der Öltropfen im Wasser. München (Piper).

Kim, C. W. u. R. Mauborgnee (2005): Der Blaue Ozean als Strategie. München (Hanser).

Königswieser, R. u. M. Keil (2003): Das Feuer großer Gruppen. Stuttgart (Klett-Cotta).

Krusche, B. (2008): Paradoxien der Führung. Aufgaben und Funktionen für ein zukunftsfähiges Management. Heidelberg (Carl-Auer).

Leiris, M. (1985): Das Auge des Ethnographen. Ethnologische Schriften. Frankfurt a. M. (Suhrkamp).

Loebbert, M. (2003): Storymanagement, Stuttgart (Klett-Cotta).

Luhmann, N. (1984): Soziale Systeme. Frankfurt a. M. (Suhrkamp).

Luhmann, N. (1987): Soziale Systeme – Grundriß einer allgemeinen Theorie, Frankfurt a. M. (Suhrkamp).

Luhmann, N. (1997): Die Gesellschaft der Gesellschaft. Frankfurt a. M. (Suhrkamp).

Luhmann, N. (2000): Organisation und Entscheidung. Wiesbaden (Verlag für Sozialwissenschaften).

Luhmann, N. (2001): Aufsätze und Reden. (Hrsg. v. O. Jahraus.) Stuttgart (Reclam).

Luhmann, N. (2005): Einführung in die Theorie der Gesellschaft. (Hrsg. v. D. Baecker. Heidelberg (Carl-Auer), 2. Aufl. 2009.

March, J. a. H. Simon (1993): Organizations. Cambridge (Blackwell), 2. ed.

Marks, M. L. a. P. H. Mirvis (1985): Merger syndrome: Stress and uncertainty. *Mergers and Acquisitions* 20 (2): 50–55.

Marks, M. L. a. P. H. Mirvis (1997): Joining forces: Making one plus one equal three in mergers, acquisitions, and alliances. San Francisco (Jossey-Bass).

Mitleton-Kelly, E. (2004) Co-evolutionary integration: A complexity perspective on mergers & acquistions. (Unveröffentlicher Vortrag, 20th EGOS Colloquium, 1.–3. July 2004, Ljubljana University, Slovenia.)

Möller, W.-P. (1983): Der Erfolg von Unternehmenszusammenschlüssen: Eine empirische Untersuchung. München (Minerva).

Morosini, P., S. Shane a. H. Singh (1998): *National cultural distance and cross-border acquisition performance. Journal of International Business Studies* 29 (1): 137–158.

Nalebuff, B. J. u. A. M. Brandenburger (1996): Coopetition – kooperativ konkurrieren. Mit der Spieltheorie zum Unternehmenserfolg, Frankfurt a. M. (Campus-Verlag).

Porter, M. E. (1987): From competitive advantage to corporate strategy. *Harvard Business Review* (May/June): 43–59.

Precht, R. D. (2007): Wer bin ich – und wenn ja, wie viele? Frankfurt a. M. (Goldmann).

Reichholf, J. A. (2008): Stabile Ungleichgewichte. Die Ökologie der Zukunft. Frankfurt a. M. (Suhrkamp).

Roll, R. (1986): The Hubris Theory of corporate takeovers. *Journal of Business* 59: 197–216.

Senge, P. (1990): The fifth disciplin. New York (Random). [dt. (2008): Die fünfte Disziplin. Kunst und Praxis der lernenden Organisation. Stuttgart (Schäffer-Poeschel).]

Simon, H. a. J. March (1997): Administrative behaviour. A study of decision-making processes in administrative organizations. New York (Free Press), 4. ed., p. 202 [dt. (1955): Das Verwaltungshandeln. Eine Untersuchung der Entscheidungsvorgänge in Behörden und privaten Unternehmen. Stuttgart (Kohlhammer).]

Ulrich, D. (1997): Human resource champions. Boston (Harvard University Press).

Weber, B. (1996): Die fluide Organisation. Bern (Paul Haupt).

Weber, Y., O. Shenkar a. A. Raveh (1996): National and corporate cultural fit in mergers/acquisitions: An exploratory study. *Management Science* 42 (8): 1215–1227.

Weick, K. E. (1985): Der Prozess des Organisierens. Frankfurt a. M. (Suhrkamp).

Weick, K. E. (1996): Prepare your organization to fight fires. *Harvard Business Review* (May/June): 3–6.

Weick, K. E. (2001): Making sense of the organization. Oxford (Blackwell Business).

Weick, K. E. u. K. M. Sutcliffe (2003): Das Unerwartete managen. Stuttgart (Klett-Cotta).

Weisbord, M. u. S. Janoff (2000): Future Search. Stuttgart (Klett-Cotta).

White, H. (1992): Identity and control. Princeton (Princeton University Press).

Wimmer, R. (1993): Wozu brauchen wir ein General Management? *Hernsteiner* (3): 4–12.

Wimmer, R. (2002): Aufstieg und Fall des Shareholder-Value-Konzepts. *Organisationsentwicklung* 4: 70–83.

Wimmer, R. u. R. Nagel (2002): Systemische Strategieentwicklung. Stuttgart (Klett-Cotta).

Zappei, L. u. U. Eppinger (1992): Nur jede dritte Akquisition hat sich für den Käufer als erfolgreich erwiesen. *Handelsblatt* (29.4.1992).

Über den Autor

Bernhard Krusche, Dr., Studium der Ethnologie und Psychologie, mehrjährige Feldforschung in Westafrika zu den Überlebensstrategien städtischer Armutsbevölkerung, danach interner Berater bei der Mercedes-Benz AG. Gründer der osb Tübingen GmbH und nun selbstständiger Organisationsberater. Lehrtrainer und -berater der Österreichischen Gesellschaft für Gruppendynamik und Organisationsberatung (ÖGGO), Lehrtätigkeit an den Universitäten Wien, Klagenfurt, Kassel sowie der Zeppelin University Friedrichshafen. Langjähriger Arbeitsschwerpunkt in der Beratung und Begleitung von Organisationen: Führung im Wandel, mit speziellem Fokus auf Mergers & Acquisitions. Weitere Veröffentlichung im Carl-Auer Verlag: *Paradoxien der Führung. Aufgaben und Funktionen für ein zukunftsfähiges Management* (2008).
Kontakt: *www.Bernhard-Krusche.de*

Karl Prammer

Transformations-Management

Theorie und Werkzeugset

360 Seiten, 122 Abb., Gb, 2009
ISBN 978-3-89670-707-9

In den letzten Jahren hat sich neben den Ansätzen der Organisationsentwicklung und des Changemanagements ein dritter Weg der Gestaltung von Veränderungsprozessen entwickelt, der beide Ansätze miteinander verknüpft: das Transformationsmanagement. Die Beratenen werden hier gezielt und punktuell in den Veränderungsprozess eingebunden. In einer gesteuerten Abfolge kleiner Schritte verschränken sich ihre Sichtweisen und Ideen mit denen der Berater zu neuen Einsichten und Lösungen. Die Ziele selbst werden in den zirkulären Prozess des gesamten Veränderungsprozesses eingebunden.

Der erfahrene Organisationsberater Karl Prammer stellt in diesem Buch den „dritten Weg" Transformationsmanagement ausführlich vor. Dabei werden die Unterschiede zum klassischen inhaltsorientierten Changemanagement „von außen" sowie zur prozessorientierten Organisationsentwicklung „von innen" deutlich herausgearbeitet. Der Autor klärt, welche konkreten Instrumente auf den unterschiedlichen Ebenen in Frage kommen und wie Berater und Manager sie gezielt einsetzen können.

Fallbeispiele und die detaillierte Darstellung von Settings und Tools machen den praktischen Einsatz der Methode anschaulich. Konkrete Handlungsanweisungen und Abläufe helfen, die Akzeptanz von Veränderungen zu verbessern, Kreativität und Wissen der Beteiligten zu aktivieren und nachhaltige Veränderungslösungen zu finden.

Carl-Auer Verlag • www.carl-auer.de